高等学校计算机基础教育改革与实践系列教材

大学计算机基础实践教程

——面向计算思维和问题求解

Daxue Jisuanji Jichu Shijian Jiaocheng
——Mianxiang Jisuan Siwei he Wenti Qiujie

主　编　陈立潮　曹建芳

副主编　胡　静　刘继华　杨丽凤

编　者　宋晓霞　相　洁　朱红康　曹　锐

U0343607

高等教育出版社·北京

内容提要

　　本书是与陈立潮主编的《大学计算机基础教程——面向计算思维和问题求解》配合使用的实践教程，以培养计算思维能力为导向构建了实践教程的内容。全书实践内容与主教材相配套，共分7章，主要包括：计算机系统与原理、问题求解的算法设计、问题求解的程序实现、数据库、计算机网络与信息安全、办公自动化与电子政务、数字媒体与处理等实践内容。书中案例丰富、循序渐进、目标明确，是一本很好的学习和掌握程序设计与问题求解的实践教材。

　　本书可作为高等院校非计算机专业大学计算机基础课程实践教程，也可供各类学习计算机技术的工程和技术人员参考。

图书在版编目（CIP）数据

　　大学计算机基础实践教程：面向计算思维和问题求解／陈立潮，曹建芳主编. -- 北京：高等教育出版社，2018.7

　　ISBN 978-7-04-049311-5

　　Ⅰ. ①大… Ⅱ. ①陈… ②曹… Ⅲ. ①电子计算机-高等学校-教材 Ⅳ. ①TP3

　　中国版本图书馆 CIP 数据核字（2018）第 014211 号

| 策划编辑 | 武林晓 | 责任编辑 | 武林晓 | 封面设计 | 李小璐 | 版式设计 | 杜微言 |
| 插图绘制 | 杜晓丹 | 责任校对 | 刘娟娟 | 责任印制 | 赵义民 | | |

出版发行	高等教育出版社	网　　址	http://www.hep.edu.cn
社　　址	北京市西城区德外大街 4 号		http://www.hep.com.cn
邮政编码	100120	网上订购	http://www.hepmall.com.cn
印　　刷	三河市潮河印业有限公司		http://www.hepmall.com
开　　本	850mm×1168mm　1/16		http://www.hepmall.cn
印　　张	8.75	版　　次	2018 年 7 月第 1 版
字　　数	160 千字	印　　次	2018 年 8 月第 2 次印刷
购书热线	010-58581118	定　　价	22.00 元
咨询电话	400-810-0598		

本书如有缺页、倒页、脱页等质量问题，请到所购图书销售部门联系调换

大学计算机基础实践教程
——面向计算思维和问题求解

主　编　陈立潮
　　　　曹建芳
副主编　胡　静
　　　　刘继华
　　　　杨丽凤

1　计算机访问 http://abook.hep.com.cn/1871428，或手机扫描二维码、下载并安装 Abook 应用。

2　注册并登录，进入"我的课程"。

3　输入封底数字课程账号（20位密码，刮开涂层可见），或通过 Abook 应用扫描封底数字课程账号二维码，完成课程绑定。

4　单击"进入课程"按钮，开始本数字课程的学习。

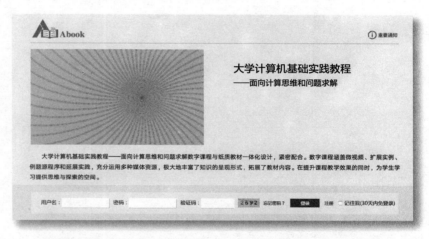

课程绑定后一年为数字课程使用有效期。受硬件限制，部分内容无法在手机端显示，请按提示通过计算机访问学习。

如有使用问题，请发邮件至 abook@hep.com.cn。

微视频
扩展实例
例题源程序
延展实践

扫描二维码
下载 Abook 应用

http://abook.hep.com.cn/1871428

高等学校计算机基础教育改革与实践系列教材

编审委员会

○ 序

近年来，移动通信、普适计算、物联网、云计算、大数据这些新概念和新技术的出现，在社会经济、人文科学、自然科学的许多领域引发了一系列革命性的突破，极大地改变了人们对于计算和计算机的认识。随着这一进程的全面深入，无处不在、无事不用的计算思维成为人们认识和解决问题的基本能力之一。

计算思维的深刻知识内涵正在被当今社会的发展进一步揭示。学生在高校中接受计算机课程的培养已经不仅是为了学会应用计算机，而是由此学会一种思维方式。并非每一个学生都要成为计算机科学家，但是我们期望他们能够正确掌握计算思维的基本方式，这种思维方式对于学生从事任何工作都是有益的。

在这样一个重要的发展阶段，教育部高等学校大学计算机课程教学指导委员会（以下简称"教指委"）在高教司的支持下，积极推动了以计算思维为切入点的计算机课程改革，鼓励高校一线教师大胆扬弃现有的教学观念和方法，建设适应时代要求的新的教学体系。

这一改革在过去的几年时间里取得了不少的成果，其中就包括了由山西省多所高校实施的"基于计算思维的地方高校大学计算机课程改革与实践"项目。山西省多所高校在承担教育部高等教育司教学改革项目的基础上，扎实推进课程建设，出版了"高等学校计算机基础教育改革与实践系列教材"。项目成果获得了山西省高等学校教学成果一等奖（2013年），其中4本教材被评为"十二五"普通高等教育本科国家级规划教材（2014年）。

在系列教材编审委员会的努力下，本套教材进行了全新改版，新版教材做了一些新的尝试与创新，是又一次团队合作和集体智慧的结晶，具有以下几个鲜明的特点。

（1）以计算思维为理念，以求解问题的过程为出发点，采用案例引出所要学习的知识点，并给出了多种分析问题和解决问题的方法，引导学生为了解决实际问题而学习计算机基础知识，进一步强化了学生的创新能力培养。

（2）创新教学理念，激发学习兴趣，引导自主学习。通过适当的教学设计，鼓励学生拓展知识面和针对某些重要问题进行深入探讨，增强其独立获取知识的意识和能力，为满足学生自主学习和教师教学方法的创新提供支撑。

（3）紧扣教指委制定的《大学计算机课程教学基本要求》，从结构上对应着三个层次、六门课程，除了大学计算机基础与程序设计课程外，考虑到大数据时代对数据处理技术的要求，增强了数据库技术及应用课程的内容；同时，考虑到当前大学生IT实训的要求，增加了《Java语言程序设计》。

（4）采用了"纸质教材＋数字课程"的出版形式，是一种新形态的立体化教材。纸质教材与丰富的数字教学资源一体化设计，内容适当精练，并以新颖的版式设计和内容编排，方便学生学习和使用；数字课程对纸质教材内容起到巩固、补充和拓展作用，形成了以纸质教材为核心，数字教学资源配合的综合知识体系新格局。

新版教材的出版也是新的征程的起点，希望编审委员会严格把关，为我国的计算机基础教学贡献一套高质量的优秀教材。也希望教材在得到更大范围采用的同时，能够积极听取反馈意见，不断深入推进课程教学改革工作。

是为序。

教育部高等学校大学计算机
课程教学指导委员会主任

2015 年 5 月 30 日

◦ 前言

大学计算机基础课程经过近 30 年的发展，已确立了高等学校大学基础课程的地位，它与大学数学、大学物理、大学英语等一起逐步形成了相对完整的大学基础课程教学体系，并经历了从大学计算机文化、大学计算机基础到基于计算思维的大学计算机基础的发展历程。为了更好地学习大学计算机基础知识，提高大学生计算思维的理念和利用信息技术解决专业领域实际问题的能力，需要有一本合适的实践指导教材。本书是作者根据多年的教学经验和该课程实践教学环节的实际需要编写的。

本书与主教材配套，共 7 章，内容包括：第 1 章主要介绍计算机硬件部件的组装、操作系统的基本应用和虚拟机的安装与使用等。第 2 章到第 7 章向读者提供以计算思维和问题求解为培养目标设计的实验任务，内容既有趣味性，又有很强的应用价值。每章的实验任务基本按三个层次展开：模拟训练、设计应用、巩固提高，供不同专业和不同能力的读者学习，每个层次采用问题和任务驱动方式，通过设计问题的求解步骤与计划，寻求解决问题的方法与算法，并通过学习相应的问题求解工具，实现问题求解的落地，循序渐进地指导读者完成程序设计，真正达到了学习和掌握用计算机基础知识解决实际问题的目的。

本书具有如下特点：

1. 以计算思维为理念，问题求解为目标，展开大学计算机基础的实践教学，颠覆了传统大学计算机基础的实践模式。

2. 以问题求解为主线，针对实际问题，分层次设计实验任务，为提高学生创新实践能力打下基础。

3. 以问题求解为目标，每个实验题目设计多个环节分析求解问题的过程，让学生彻底掌握实际问题的分析和求解方法。

4. 全书内容丰富，案例齐全，是学习大学计算机基础上机实验和课程设计的有效指导书。

本教材由陈立潮、曹建芳任主编，胡静、刘继华、杨丽凤任副主编，参加编写的作者还有宋晓霞、相洁、朱红康、曹锐等，他们都是来自高等教育一线的、具有多年从事大学计算机基础教学工作、经验丰富的学术带头人和骨干教师。

本教材在编写过程中，先后得到了陈国良院士、李廉教授、何钦铭教授等专家的指导和帮助。编写过程中召开了多次教学研讨会，对书稿进行了反复修改和完善。该教程的完成凝聚了所有作者的心血和智慧，凝聚了团队合作的教学成果。

由于作者水平有限，书中难免有疏漏、不足之处，恳请读者批评指正。

编　者

2017 年 10 月

○ 目录

第 1 章
计算机系统与原理

实验 1　计算机的组装

一、实验目的

1. 认识微型计算机的基本硬件及组成部件。
2. 了解微型系统各个硬件部件的基本功能。
3. 掌握微型计算机的硬件连接步骤及安装过程。

二、实验原理

教材中计算机硬件系统的有关知识。

三、实验任务

【任务描述】

组装计算机并理解冯·诺依曼计算机体系的工作原理，理清实物与理论中的五大部件的对应关系。按照实物识别计算机主要部件：CPU、CPU 散热装置、主板、内存、电源、硬盘、光驱、主要数据线、电源线、鼠标、键盘和机箱。识别主板上的接口：电源线接口、CPU 插槽、内存插槽、显卡插槽、PCI 扩展槽、IDE 接口、SATA 接口、鼠标和键盘插口、串口、并口、USB 接口。

【实验类型】

验证性实验。

【实验步骤】

按照如图 1-1 所示的流程组装计算机。

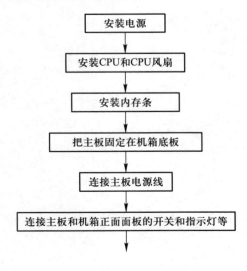

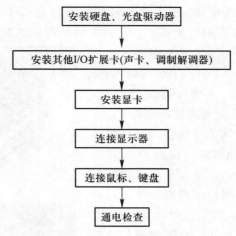

图 1-1　计算机组装流程图

（1）安装电源

安装电源时，用手托住电源，按照正确的方向将电源按在托架上，调整合适位置使螺钉孔对齐，将电源安装在机箱相应位置上，然后用力捏住电源接头上的塑料卡子，将电源接口平直地插入主板 CPU 插座旁边的 20 或 4 芯电源插座，图 1-2 所示为 20 芯电源连线和 4 芯电源连线，注意卡子与卡座在同一方向，图 1-3 所示的电源安装在机箱外的接口，有的电源提供了开关，建议在不使用计算机的时候关闭这个电源开关。

图 1-2　机箱内电源连线接口

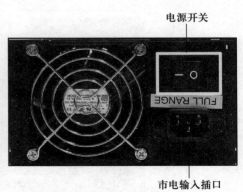

图 1-3　机箱外的电源接口

（2）安装 CPU、CPU 电源和 CPU 散热器

把主板安装到机箱之前，要将 CPU 和内存条插到主板上，并将主板固定到机箱底部。首先，将 CPU 芯片按标志放入 CPU 插座，一定要放平并与 CPU 插座紧密接触，仔细查看 CPU 引脚是否弯曲，若发现有弯曲的引脚，应该用镊子把它们逐一夹直，然后把 CPU 插座拉杆放到底。

由于部分 CPU 耗电量巨大，系统还需要单独为 CPU 供电，因此在 CPU 的附近提供了一个 4 芯的电源插座，连接时将电源输出端一个正方形的四芯电源插头对准卡座插入。4 芯电源插头除连接普通的 IDE 设备外，还可给另购的机箱电风扇或显卡供电，连接时常需要转接，只需将输出端的公头插入连接端的母头。

接着，再安装 CPU 散热器。最好先在 CPU 表面涂少许导热硅胶，再把 CPU 散热器及电风扇安装在 CPU 上，先将卡具的一端固定在 CPU 插座侧边的塑料卡子上，再放平散热片，使其能完全贴附在 CPU 核心表面上，然后再按下卡具的固定锁，使其固定在 CPU 插座另一端的塑料卡子。为 CPU 加装了散热器后，将散热器的电源输入端（深红色）插入主板上 CPU 附近的 "CPU FAN" 上，如图 1-4 所示。

图 1-4　CPU 散热器的电源
插入主板 "CPU FAN"

（3）安装内存条

主板上一般都有 1~4 个内存插槽，一般用户都只使用一条内存。在安装内存条时尽量选择靠近 CPU 插座的插槽上安装，然后按标志的顺序将内存条插入插槽内。在安装时注意将内存条往下按时，双手需均匀用力，当插槽两边的扣自动卡住内存条时，则内存条安装完毕。安装完内存条后，用机箱附带的螺钉将主板固定在如图 1-5 所示主板上的内存插槽。

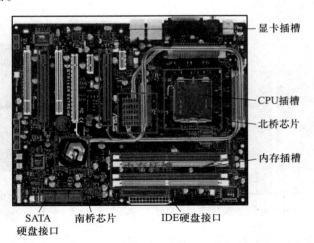

图 1-5　主板上的内存插槽示意图

（4）安装主板控制线

CPU 和内存条安装完成后，将主板固定在机箱底部。注意，主板上的接口与机箱后面的接口孔需对应。机箱上有很多用来连接主板的控制线，如电源开关、复位开关、电源灯、硬盘灯等。将主板上所带的数据排线取出来，最宽的一根是硬盘数据线，较窄的一根是软驱数据线。

主板的 IDE 接口分别标明有 IDE1（或 Primary IDE）和 IDE2（或 Secondary IDE）字样。确定 IDE1 的位置，再观察数据排线，一边有一根红色的数据线是数据排线的一号线。将数据排线的一号线和接口上的位置对应起来即可，然后安装第二根排线，为下一步安装光驱做好准备。

（5）安装光驱、硬盘

在安装光驱、硬盘之前，要先设置好它们之间的总从关系，再将光驱、硬盘安装在机箱相应的位置上。IDE 设备包括光驱、硬盘等，在主板上一般都标有 IDE1、IDE2，可以通过主板连接两组 IDE 设备，通常情况下将硬盘连接在 IDE1 上、光驱连接在 IDE2 上。该类型设备正常工作都需要两类连线：一为 80 针的数据线（光驱可为 40 针），二为 4 芯电源线。连接时，先将数据线蓝色插头一端插入主板上的 IDE 接口，再将另一端插入硬盘或光驱接口；然后把电源线接头插在 IDE 设备的电源接口上。由于数据线及电源线都具有防插反设计，插接时不要强行插入，如不能插入就换一个方向试试，如图1-6 所示。

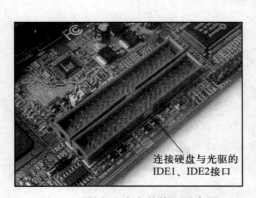

连接硬盘与光驱的
IDE1、IDE2接口

图 1-6　硬盘和光盘的接口示意图

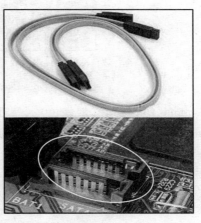

图 1-7　SATA 数据线与 SATA 硬盘接口

SATA 接口连线，目前 SATA 硬盘已经大量使用，支持 SATA 硬盘的主板上标有 SATA1、SATA2，如图 1-7 所示就是 SATA 硬盘的数据线接口，通过扁平的 SATA 数据线（一般为红色）就可与 SATA 硬盘连接。

（6）安装显卡

显卡的接口有两种：AGP 接口和 PCI-E 接口。首先，要查看显卡接口的类型，根据显卡的接口类型选择使用主板上的接口相匹配。然后，观察机箱内主板上的显卡插槽位置，从机箱后壳上拆除对应插槽上的挡板；最后，将显卡对准插槽将其插入插槽中，确认卡上的插口金属触点与插槽完全接触在一起，用螺钉将显卡固定在机箱壳上。

（7）主机外其他接口

PS/2 接口（蓝绿色）：PS/2 接口有二组，分别为下方（靠主板 PCB

观察实践：
你的计算机上的显卡是哪种？插在主板的什么位置？

方向）紫色的键盘接口和上方绿色的鼠标接口，两组接口不能插反，否则将找不到相应硬件；在使用中也不能进行热拔插，否则会损坏相关芯片或电路。

　　USB 接口（黑色）：接口外形呈扁平状，是家用计算机外部接口中唯一支持热拔插的接口，可连接所有采用 USB 接口的外设，具有防呆设计，反向将不能插入；网卡接口：该接口一般位于网卡的挡板上（目前很多主板都集成了网卡，网卡接口常位于 USB 接口上端），将网线的水晶头插入，正常情况下网卡上红色的链路灯会亮起，传输数据时则亮起绿色的数据灯；MIDI/游戏摇杆接口（黄色）：该接口和显卡接口一样有 15 个针脚，可连接游戏摇杆、方向盘、二合一的双人游戏手柄以及专业的 MIDI 键盘和电子琴，如图 1-8 所示。

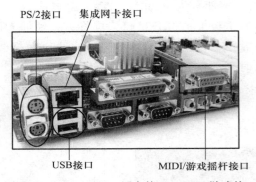

图 1-8　PS/2、USB、网卡接口、MIDI 游戏接口

　　Line Out 接口（淡绿色）：靠近 COM 接口，通过音频线用来连接音箱的 Line 接口，输出经过计算机处理的各种音频信号；Line In 接口（淡蓝色）：位于 Line Out 和 Mic 中间的那个接口，为音频输入接口，需和其他音频专业设备相连，家庭用户一般闲置无用；Mic 接口（粉红色）：Mic 接口与话筒连接，用于聊天或者录音，如图 1-9 所示。

图 1-9　Line In、Line Out 和 Mic 接口

　　COM 接口（深蓝色），平均分布于并行接口下方，该接口有 9 个针脚，也称之为串口 1 和串口 2，可连接游戏手柄或手写板等配件；LPT 接口（朱红色），该接口为针角最多的接口，共 25 针。可用来连接打印机或者扫描仪，如图 1-10 所示。

实践观察：
你周围的打印机接口是什么类型？

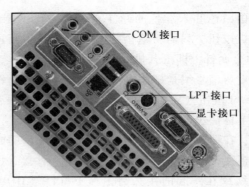

图 1-10 COM 接口、LPT 接口和显卡接口

（8）将显示器与主机相连

显示器使用一种 15 针 Mini-D-Sub（又称 HD15），蓝色的 15 针 Mini-D-Sub 接口是一种模拟信号输出接口，用来双向传输视频信号到显示器，该接口用来连接显示器上的 15 针视频线，需插稳并拧好两端的固定螺钉，以让插针与接口保持良好接触，如图 1-11 所示，可将其接入如图 1-10 所示对应的蓝色显卡接口上。

图 1-11 显示器 HD15 接口

（9）机箱面板及其他连线

前置 USB 连线，如图 1-12 所示，机箱面板上大都提供了两个前置的 USB 接口，而 USB 连线正起到连接前置 USB 接口和主板的作用。每组 USB 连线大多合并在一个插头内，再找到主板上标注 USB1234 的接口，依照主板说明书上要求的顺序插入。

开机信号线，如图 1-13 所示，从机箱面板中的一组连线中找到开机信

图 1-12 USB 线

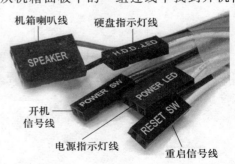

图 1-13 电源指示线、磁盘指示灯线等

号线。开机信号线由白色和朱红色的标注有"Power SW"的两针接头组成，这组线连接的是开机按钮。只需将这个接头插入主板机箱面板插线区中标注有"PWR"字符的金属针上即可开机。

重启信号线：重启信号线是标注有"Reset SW"的两针接头，它连接的是主机面板中的 Reset 按钮（重启按钮），这组接头的两根线分别为蓝色和白色，将其插到主板上标注了"Reset"的金属针上。

硬盘指示灯线：在读写硬盘时，硬盘灯会发出红色的光，以表示硬盘正在工作。而机箱面板连线中标注"HDD LED"的两针接头即为它的连线，将这两根红色和白色线绞在一起的接头与主板上标注"HDD LED"的金属针连接。

机箱喇叭连线：机箱喇叭连线（作用是开机声音报警）标注"Speaker"的接头是几组线中最大最宽的，该接头为黑色和红色两根交叉线。将这个接头插入主板上标有"Speaker"或"SPK"的金属针上（注意红色的线接正极，即"+"插针）。

（10）将安装好的主板固定在机箱内，并将硬盘、光驱、软驱、电源、适配器、显卡、声卡等设备安装到机箱中。如使用的是集成显卡、声卡、可略过此类部件的安装过程。完成所有安装后，使用奇异扎丝线，如图 1-14 所示，将线置于扎丝的圈内，然后扎进扎丝的一头，拉紧，并用剪刀去掉多余的扎丝头，将机箱盖装上。

图 1-14　奇异扎丝线

（11）通电检查：开机时先打开外部设备，再打开主机。通电后注意观察有无异常现象，如冒烟、异味、摩擦声、长（频）铃声等，一旦出现异常现象，应立刻关闭电源进行检查。若各个配件均正常，微型计算机启动进入 BIOS 自检过程。微型计算机开机时系统会执行自检例行程序，这是 BIOS 的一部分，也称为 POST（Power On Self-Test，加电自检）。POST 对硬件、CMOS 进行初始化测试，当硬件均正常时，不会给出任何提示。当出现严重硬件故障时，会发出提示或警告声音。

想一想：
为什么要先开外部设备，再开主机？如果不这样做，会有什么后果？

【实验思考】

观察主机箱的对外接口机器与各外部设备的连接，分析有无显卡、声卡、网卡，若有，分析它们是主板集成的还是独立的。了解你使用的微型计算机硬件组成、各部件的性能指标。

实验 2　操作系统的基本应用

一、实验目的

1. 通过"控制面板"实现用户账户、程序的管理，实现 Windows 7 操作系统外观的设置方法，掌握"Windows 资源管理器"的使用。

2. 掌握操作系统中文件管理的方法，掌握 Windows 7 操作系统建立文件和文件夹、设置文件相关属性的方法。

二、实验原理

教材中有关计算机操作系统的有关知识。

三、实验任务

【任务描述】

以 Windows 7 操作系统为例，完成以下操作设置：创建用户账户，设置用户账户的权限；添加或删除应用程序；设置 Windows 7 外观。根据文件的不同类型，对计算机内所有文件按需要进行分类整理，使文件层次清晰，便于日后查找更改。使用"资源管理器"查看文件；复制、移动、删除、重命名、查找文件或文件夹；文件或文件夹的查看与排序；设置文件隐藏，只读属性。

【实验类型】

验证性实验。

【实验步骤】

（1）Windows 7 用户账户管理

在 Windows 7 系统下，用户账户类型有两种，分别为计算机管理员账户和受限制用户。其中管理员账号在使用系统中，拥有所有权利，包括添加、删除、复制、粘贴、访问、分配其他账户以及权限，此账户无任何限制。建立用户账户的方法如下。

① 选择"开始"菜单中或任务栏上的"控制面板"命令，如图 1–15 所示。

"控制面板"打开后，如图 1–16 所示。

图 1-15 "开始"菜单

图 1-16 "所有控制面板项"窗口

② 如打开的是类别视图，单击"用户账户和家庭安全"链接。普通视图单击"用户账户"链接，如图 1-17 所示。

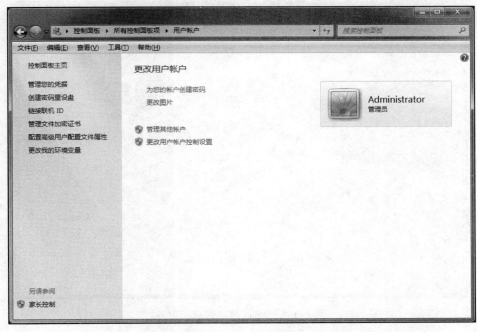

图 1-17　"用户账户"窗口

③ 单击"为您的账户创建密码"链接，打开如图 1-18 所示窗口。

图 1-18　"为您的账户创建密码"窗口

④ 输入密码并确认，必要时可以设置强密码和密码提醒，并单击"创建密码"按钮，用户创建后弹出如图 1-19 所示窗口。

图 1-19　"更改用户账户"窗口

（2）程序管理

在 Windows 7 操作系统中，程序的管理在"控制面板"中进行。

① 按照前面讲过的方法进入"控制面板"，单击"程序"链接。

② 进入下一级页面后，单击"程序和功能"链接，弹出如图 1-20 所示窗口。

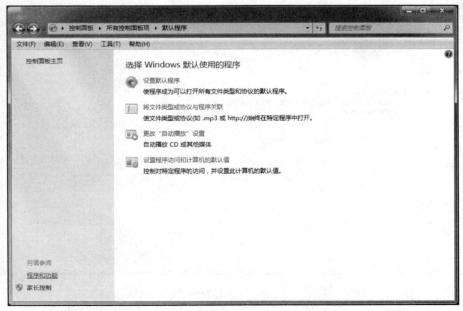

图 1-20　"默认程序"窗口

③ 进入"程序和功能"窗口后，选择自己要卸载的程序，单击"卸载"或"更改"按钮。或者右击该程序，选择"卸载|更改"命令，即可完成卸载，如图 1-21 所示。

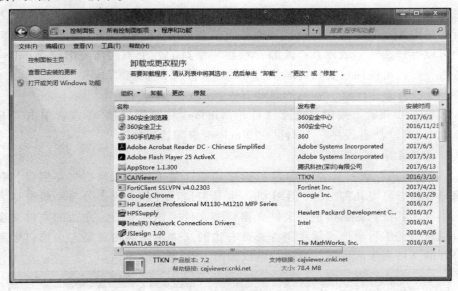

图 1-21　"卸载和更改程序"窗口

（3）Windows 7 外观设置

① 设置桌面图标：在桌面上右击，在弹出的快捷菜单中，选择"个性化"命令。

② 在弹出的窗口中，可以设置计算机上的视觉效果及声音，包括"桌面背景""窗口颜色""声音""屏幕保护程序"，也可以"更改桌面图标""更改鼠标指针""更改账户图片"，如图 1-22 所示。单击相应的图标或链接就可以设置相应的内容。

微视频 1.1：
更改桌面背景、
输入法的添加、
窗口组成

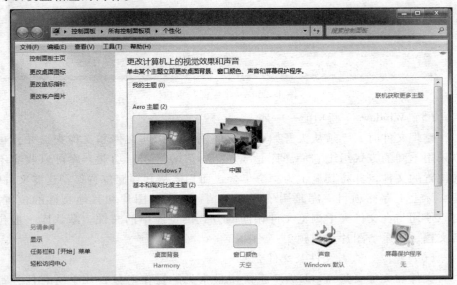

图 1-22　设置"桌面背景"等相关属性

（4）使用 Windows 7 资源管理器

"资源管理器"是 Windows 系统提供的资源管理工具。可以利用它查看本台计算机的所有资源，特别是它所提供的树结构的文件系统，能更清楚、更直观地认识计算机的文件和文件夹。在"资源管理器"中还可以对文件进行各种操作，如打开、复制、移动等。在 Windows 7 的"资源管理器"窗口中可以打开文件夹或库。"资源管理器"窗口的各个不同部分围绕 Windows 进行导航，可使用户更轻松地使用文件、文件夹和库。

想一想：
如何在 Windows 7 中查看计算机的（主频、内存等）基本信息？

①"资源管理器"常见的启动方法。

右击"开始"按钮，选择"打开 Windows 资源管理器"，或者单击"开始"，选择"所有程序""附件""Windows 资源管理器"。

②"计算机"窗口组成。

"计算机"的"浏览"窗口包括标题栏、菜单栏、工具栏、左窗口、右窗口和状态栏等几部分。"计算机"也是窗口，其各组成部分与一般窗口大同小异，其特别的窗口包括文件夹窗口和文件夹内容窗口。左边的文件夹窗口以树结构的目录形式显示文件夹，右边的文件夹内容窗口是左边窗口中所打开的文件夹中的内容，其窗口组成如图 1-23 所示。

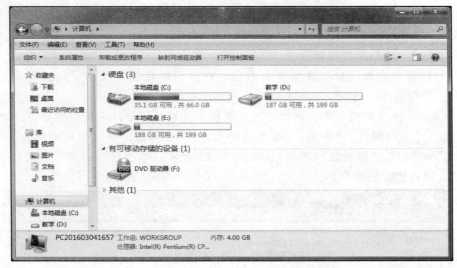

图 1-23　"计算机"窗口

（5）Windows 7 新功能——库

整理文件时，无须从头开始，可以使用库来访问文件和文件夹，并且可以采用不同的方式组织它们。库是 Windows 7 的一项新功能。库可以收集不同位置的文件，并将其显示为一个集合，而它需从其存储位置移动这些文件。库实际上不存储项目。库是用于管理文档、音乐、图片和其他文件的位置。可以使用与在文件夹中浏览文件相同的方式浏览库中的文件。默认库一般包括文档、音乐、图片和视频。

（6）建立、查看文件及文件夹

文件和文件夹是 Windows 7 系统中最常见的操作对象，几乎所有任务都要涉及文件和文件夹的操作。文件夹是系统组织和管理文件的一种形式，是为方便用户查找、维护和存储而设置的，用户可以将文件分门别类地存放在不同的文件夹中。在文件夹中可存放所有类型的文件和下一级文件夹。

① 创建文件夹。打开"计算机"，双击桌面上的"计算机"图标，打开"计算机"窗口。

双击想要建立文件夹的盘符，如"C 盘"。然后在界面的空白处右击，在弹出的快捷菜单中选择"新建"命令，然后在弹出的子菜单中选择"文件夹"命令，如图 1-24 所示。

想一想：
如何在 Windows 7
查看磁盘的基本
信息？

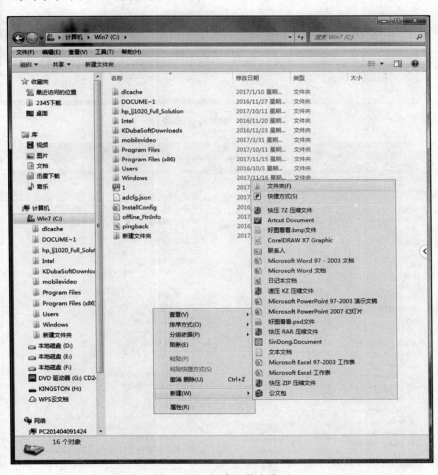

图 1-24　新建文件夹窗口

对新建立的文件夹修改名称，如图 1-25 所示。建立后，就可以通过双击文件或文件夹的图标打开一个应用程序或展示一个新窗口中的内容。

建立文件和建立文件夹的方法基本相同。双击想要建立文件的盘符，如"C 盘"。然后在界面的空白处右击，在弹出的快捷菜单中选择"新建"命令，然后在弹出的子菜单中选择想要新建的文件类型，以在"C 盘"新建一个表格文档为例，同建立文件夹相似，需要修改新建的表格文档名称，否则将以"新建 Microsoft Office Excel 工作表"为名，如图 1-26 所示。

图 1-25　修改文件夹窗口

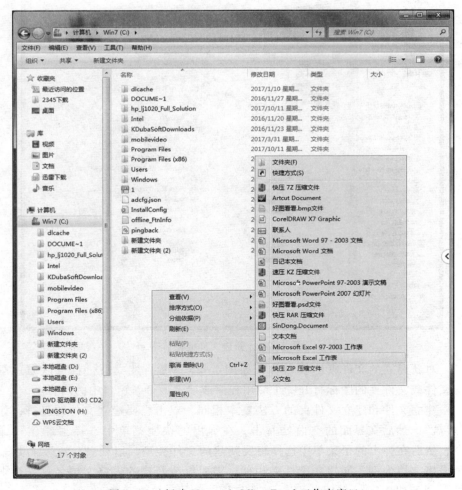

图 1-26　新建 Microsoft Office Excel 工作表窗口

② 选定文件或文件夹。选定单个文件或文件夹：单击目标文件或文件夹即可选定单个的文件或文件夹。

选定多个连续的文件或文件夹：用户如果需要选择连续排列的多个文件或文件夹，单击要选定的第一个文件或文件夹，按住 Shift 键后，单击最后一个文件或文件夹，松开 Shift 键即可。

选择多个非连续的文件或文件夹：按住 Ctrl 键后，单击要选择的每一个文件或文件夹，选择完毕松开 Ctrl 键即可。

选择全部的文件或文件夹：如果需要选择窗口中的所有文件或文件夹，可以选择"编辑"|"全部选定"命令或使用组合键 Ctrl+A。

反向选择：操作过程中选定不需要的对象，选择"编辑"|"反向选定"命令，则选定原选定对象以外的所有文件或文件夹。

③ 建立文件或文件夹的快捷方式。快捷方式是 Windows 提供的一个快速启动程序、打开文件或文件夹的方法，使用快捷方式可以不用按路径一层层地找到相应文件。它是应用程序的快速连接，其扩展名为 .lnk。建立快捷方式的方法有多种，最简单的方法就是用鼠标进行拖动，具体步骤为右击要建立快捷方式的文件或文件夹，不要释放右键；将文件或文件夹拖动到欲建立快捷方式的目的地；松开右键，在弹出的快捷菜单上选择"在当前位置创建快捷方式"命令；修改快捷方式的名称。

（7）文件或文件夹的复制、移动、删除、重命名、查看与排序

① 文件或文件夹的复制。复制文件或文件夹是将文件或文件夹复制一份，放在其他地方，执行复制命令后，原位置和目标位置均有该文件或文件夹。

方法一：选定要复制的文件或文件夹，右击，选择"复制"命令。在目的文件夹右击，选择"粘贴"命令。

方法二：选定要复制的文件或文件夹，按组合键 Ctrl+C 进行复制，选定目标位置，再按组合键 Ctrl+V 进行粘贴。

② 文件或文件夹的移动。移动文件或文件夹是将当前位置的文件或文件夹移到其他位置，移动之后，原来位置的文件或文件夹将被删除。

方法一：选定要移动的文件或文件夹，右击，选择"剪切"命令，在目的文件夹右击，选择"粘贴"命令。

方法二：选定要移动的文件或文件夹，按组合键 Ctrl+X 进行剪切，选定目标位置，再按组合键 Ctrl+V 进行粘贴。

不管是"复制-粘贴"，还是"剪切-粘贴"，最终要移动的文件都会出现在目标文件夹中。

方法三：选中要移动的文件或文件夹，然后以拖拽的方式进行文件或文件夹的移动。用这种方法操作时，如果两个文件或文件夹在一个根目录下，则相当于执行"剪切-粘贴"操作；如果不在一个根目录下，则相当于执行"复制-粘贴"操作。

③ 文件和文件夹的删除。选中要删除的文件或文件夹，右击，在弹出的

快捷菜单中选择"删除"命令,如图 1-27 所示。

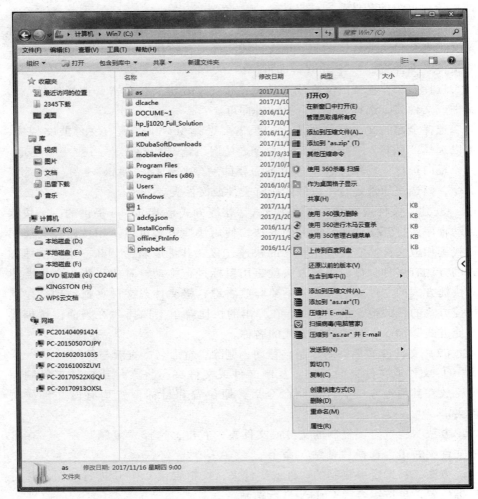

图 1-27 "删除"快捷菜单

④ 重命名文件或文件夹。选中要重命名的文件或文件夹,右击,在弹出的快捷菜单中选择"重命名"命令,如图 1-28 所示。在名称框中输入新的名称,然后按 Enter 键。

⑤ 文件或文件夹的查看与排序。在同一目录下,文件的查看方式有多种,可以选择最适合的文件显示方法进行设置。在打开的目录下右击,在弹出的快捷菜单中选择"查看"命令,会弹出子菜单,其中列出了多种查看该目录下文件的方式,如图 1-29 所示。每种方法显示的界面都不相同。

图 1-28 "重命名"快捷菜单

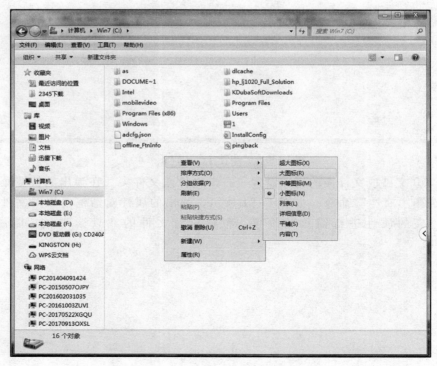

图 1-29 "查看"快捷菜单

　　为方便文件的查找与使用，可以设置不同的文件排序方式。比如，想找到一个名称为"Amy"的文件夹，则可以按字母顺序排序，那么该文件夹就会出现在很靠前的位置。设置文件排序的方法如下：在打开的目录下右击，在弹出的快捷菜单中选择"排序方式"命令，会弹出子菜单，其中列出了多种排序的不同方式，如图 1-30 所示。

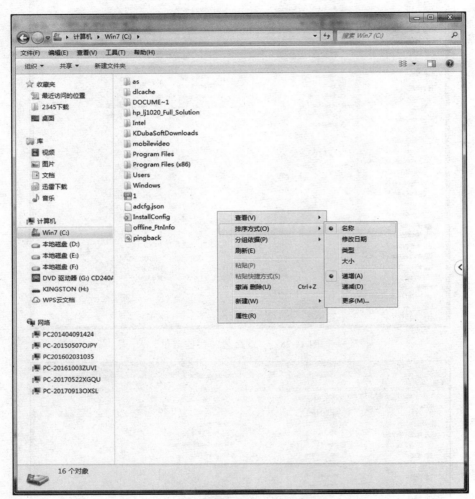

图 1-30　"排列方式"快捷菜单

　　⑥ 文件或文件夹的属性设置。右击文件或文件夹，在弹出的快捷菜单上选择"属性"命令，如图 1-31 所示，弹出的属性对话框可以对文件或文件夹的属性进行简单的设置，包括设置文件的"只读"和"隐藏"属性。

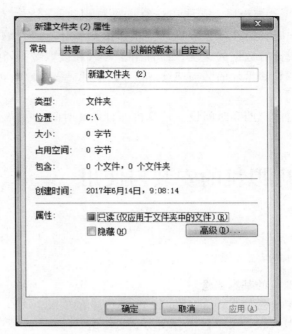

图 1-31　设置文件或文件夹属性

（8）Windows 7 系统工具

Windows 7 附件中还包括一些系统工具，如任务管理器、资源监视器、磁盘清理程序、磁盘碎片整理程序等。用户可以使用这些系统工具来维护和整理操作系统。

① 任务管理器，任务管理器是 Windows 系统的一个检测工具，可以帮助用户随时检测计算机的性能。在 Windows 7 系统中同时按 Ctrl+Shift+Esc 键打开任务管理器。

系统有时会出现死机状态，此时任务管理器中某个应用程序可能被描述为"没有响应"，这时可以将其结束。其具体操作的方法是打开任务管理器，在标记为"未响应"的应用程序上右击，在弹出的快捷菜单中选择"转到进程"命令，任务管理器会自动在"进程"选项卡中定位目标进程，选择"结束进程"命令即可结束改程序进程。

② 资源监视器，Windows 系统的资源监视器提供了详细的系统与计算机的各项状态运行信号，包括 CPU、内存、磁盘以及网络等，以方便用户随时查看计算机的运行状态。用户可切换至"性能"选项卡，打开"资源监视器"窗口。在"资源监视器"窗口中，选择 CPU 选项卡，即可显示所有进程的 CPU 使用情况；选择"内存"选项卡，即可查看当前进程的内存使用情况；选择"磁盘"选项卡，即可查看当前进程的磁盘访问情况；选择"网络"选项卡，即可查看当前进程的网络活动情况。

③ 磁盘清理程序，系统在使用一段时间后，会产生一些冗余文件，这些文件会影响计算机的性能，使用 Windows 系统自带的磁盘清理程序可以清理磁盘冗余信息。

微视频 1.2：任务管理、资源监视、磁盘清理程序

微视频 1.3：磁盘碎片整理程序

④ 磁盘碎片整理程序，在使用计算机进行创建、删除文件，或者安装、卸载软件等操作时，会在硬盘内部产生很多磁盘碎片。碎片的存在会影响系统往硬盘写入或读取数据的速度，而且由于写入和读取数据不在连续的磁道上，也加快了磁头和盘片的磨损速度。

【实验思考】

如何根据当前日期和时间设置计算机的日期和时间？

微视频 1.4:
设置计算机的日
期和时间

实验 3　虚拟机的安装与使用

一、实验目的

1. 了解虚拟机的基本概念。
2. 学会虚拟机软件 VMware Workstation 10.0 的安装。
3. 掌握虚拟机软件菜单栏中各项功能的使用。

二、实验原理

教材中计算机软件系统的有关知识。

三、实验任务

【任务描述】

在 Windows 7 下安装虚拟机系统软件 VMware Workstation 10.0；启动 VMware Workstation 10.0，在其中创建一个新的虚拟计算机；为新建的虚拟计算机安装操作系统 Windows XP；掌握虚拟机软件菜单栏中各项功能的使用。

【实验类型】

验证性实验。

【实验步骤】

虚拟机是"虚拟"的计算机，通过虚拟机软件可以在一台物理计算机上模拟出一台或多台虚拟的计算机，这些虚拟机完全就像真正的计算机那样工作，与真正的计算机工作环境几乎没什么区别。

（1）下载并安装虚拟机系统软件 VMware Workstation 10.0

要在当前系统中实现虚拟机，必须安装一种虚拟机的运行环境支撑软件。目前适合个人计算机使用的主流虚拟机系统软件有 VMware 的 VMware Workstation、Sun 的 Virtual Box 和微软公司的 Virtual PC，本书使用的是 VMware Workstation 10.0。

① 下载 VMware Workstation 10.0 的安装包并运行。

② 反复单击"下一步"按钮，直至安装完成。

（2）启动 VMware Workstation 10.0

① 在"开始"菜单找到 VMware Workstation 10.0 菜单项。

② 运行 VMware Workstation 10.0，其主界面如图 1-32 所示。

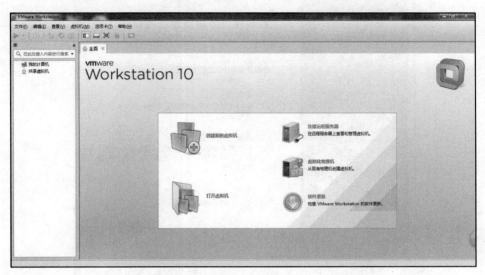

图 1-32 VMware Workstation 10.0 的主界面

（3）为安装 Windows XP 创建一个新的虚拟计算机

组装一台真正的计算机时，不但要考虑预算是否足够，还要考虑各部件的性能参数、品牌，甚至形状、大小、颜色等因素。组装虚拟计算机时，硬件是虚拟的、标准的、没有价格的，很多不影响虚拟机性能的部件（如键盘、鼠标、显示器、声卡、光驱、软驱）都不需要选择，直接为标准配置（默认自动选择），需要用户选择的是影响虚拟机性能的关键部件：主板、放置位置、计划在虚拟机中安装的操作系统、CPU 数量（高级的虚拟化系统还可选择主频）、内存大小、网卡类型（联网方式）、硬盘大小。

要求创建虚拟机的配置为 1 个双核 CPU、512 MB 内存、1 个 40 GB 硬盘，光驱、网卡、键盘、鼠标、显示器、声卡等为系统默认标准配置。

① 单击如图 1-32 所示的"创建新的虚拟机"链接，启动"新建虚拟机向导"对话框。选中"典型（推荐）"单选按钮，如图 1-33 所示。VMware 提供了两种新建虚拟机的方式："典型（推荐）"和"自定义（高级）"。"典型（推荐）"比较简单，很多选项为默认值，但不够灵活；"自定义（高级）"方式则由用户自主选择相应的详细硬件，需要用户对计算机硬件比较熟悉。

② 单击"下一步"按钮，进入"选择虚拟机硬件兼容性"对话框，选择虚拟机的硬件兼容性相当于选择主板性能。建议选择系统默认值"Workstation 10.0"，如图 1-34 所示，它提供的虚拟硬件及特性最多，支持 64 GB 内存、10 个处理器、10 个网络适配器、8 TB 硬盘大小。若虚拟机上所要安装的操作系统比较旧，很多新的硬件不支持，则应选择其他合适值。

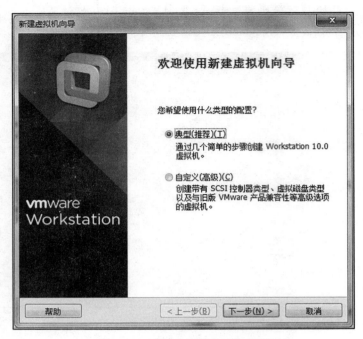

图 1-33 选择虚拟机的配置类型

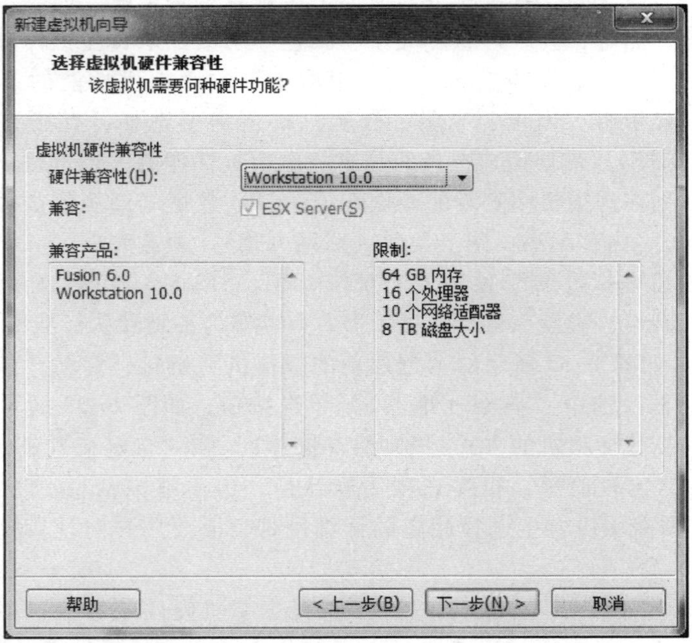

图 1-34 "选择虚拟机硬件兼容性"对话框

③ 单击"下一步"按钮，进入"安装客户机操作系统"对话框，选择从哪里安装操作系统，如图 1-35 所示。虚拟机上运行的操作系统，可以选择从物理光驱安装，也可以选择从 ISO 格式的光盘映像文件安装。若选择两者之一，要求用户此时有相应系统的安装光盘或 ISO 格式的光盘映像文件，

VMware 能从光盘上自动判断用户要安装的操作系统并进行相应的设置。如果不希望自动安装系统，或者用户使用的是如"电脑公司特别版"之类的 Ghost 安装盘，则应选中"稍后安装操作系统"单选按钮。本实验要求选中"稍后安装操作系统"单选按钮。

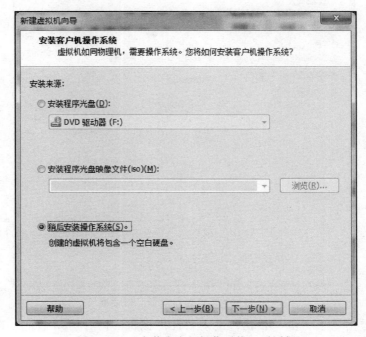

图 1-35　"安装客户机操作系统"对话框

④ 单击"下一步"按钮，进入"选择客户机操作系统"对话框，选择安装到虚拟机上的操作系统类型：Windows XP。VMware 支持安装的系统除了微软公司的 Windows 全部系列，还可安装 Linux、Novell NetWare、Sun Solaris 等类型。如果是在真正的计算机上安装，有的系统将由于缺乏专用的硬件而无法安装，有的系统则由于不支持最新的硬件而无法安装，如 Windows 98、Windows NT 等。使用虚拟机则不存在这些问题。虚拟机硬件创建好之后还可以修改，但虚拟机的操作系统安装好之后则不能修改。

⑤ 单击"下一步"按钮，进入"命名虚拟机"对话框，为虚拟机取一个名字并选择虚拟机在主机上的放置地点。若无特别要求，虚拟机在主机上的放置地点使用系统提供的默认值即可。虚拟机所有的虚拟硬件、BIOS 设置、操作系统、应用软件和用户文件等，一般情况下，在主机中就是某个文件夹下的几个文件，该文件夹就相当于虚拟机的机箱。因此，只需要将该机箱（文件夹）复制即可搬至另外的主机上使用。

指定虚拟机在主机上的放置地点时，应先考虑相应的磁盘空间是否足够。若主机上有多块物理硬盘，则建议将虚拟机放置在与主机操作系统不同的物理硬盘上，以提高虚拟机的运行速度。

⑥ 单击"下一步"按钮，进入"处理器配置"对话框，选择 CPU 数量，

如图 1-36 所示，"处理器数量" 和 "每个处理器的核心数量" 一起决定系统的 CPU 数量。

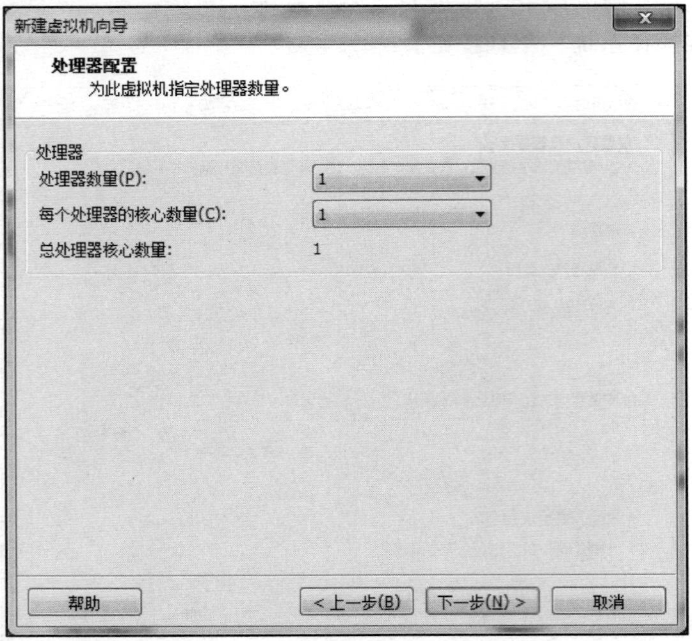

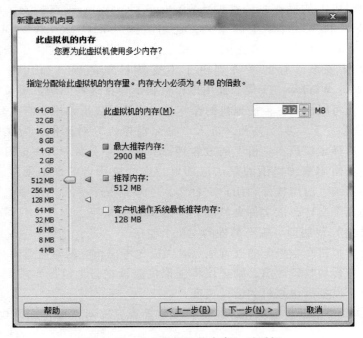

图 1-36　"处理器配置" 对话框

⑦ 单击 "下一步" 按钮，进入 "此虚拟机的内存" 对话框，选择虚拟机的内存大小。如果主机配置的物理内存较大，则应为虚拟机选配较大的内存，以提高其运算速度，如图 1-37 所示。

图 1-37　"此虚拟机的内存" 对话框

⑧ 单击"下一步"按钮，进入"网络类型"对话框，选择虚拟机的网卡及联网方式，如图 1-38 所示，虚拟机不要网卡也可以工作，网卡及联网方式主要有以下 3 种选择。

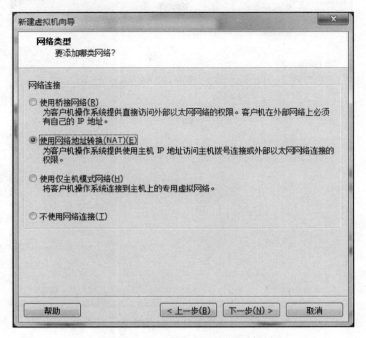

图 1-38 "网络类型"对话框

"使用仅主机模式网络"：仅能实现虚拟机与主机联网，与外界网络不通，很少使用。

"使用桥接网络"：主机网卡的作用为透明网桥或交换机，让虚拟机通过主机的物理网卡直接与外部联网，需要在虚拟机系统的本地连接之属性上配置与主机类似的 IP 地址、子网掩码、网关、DNS 等参数。如果主机使用 ADSL 虚拟拨号上网，或使用自动分配 IP 上网，则虚拟机也应作相应设置。

"使用网络地址转换（NAT）"：主机网卡的作用为小路由器，让虚拟机连接到此路由器，通过此路由器上网。该方式下在虚拟机的系统里不需要为其本地连接配置诸如 IP 地址等网络参数，其由 VMware 自动分配实现。如果主机使用 ADSL 虚拟拨号上网，则虚拟机能上网的前提是主机系统已完成拨号连接。

"使用桥接网络"的优点在于直接与外界联网，外面联网的计算机能直接访问虚拟机，主机能否上网不影响虚拟机的上网，例如 Ping 操作或网上邻居共享，十分方便；同时，虚拟机直接暴露在网上，安全隐患显而易见。

"使用网络地址转换（NAT）"的优点是使用简单，不需要作任何额外配置。外面联网的计算机看不到虚拟机的存在，只能看到主机，无法直接访问虚拟机，但虚拟机对外的网络访问不受任何影响，包括访问有风险的网站、下载病毒和木马到虚拟机上运行。

⑨ 单击"下一步"按钮，进入"选择 I/O 控制器类型"对话框，选择

I/O 控制器的类型。只要安装并工作在虚拟机里的软件没有特殊要求,选择默认值即可,如图 1-39 所示。

图 1-39 "选择 I/O 控制器类型"对话框

⑩ 单击"下一步"按钮,进入"选择磁盘"对话框,选择为虚拟机配备的硬盘来源,如图 1-40 所示,有以下 3 种选择。

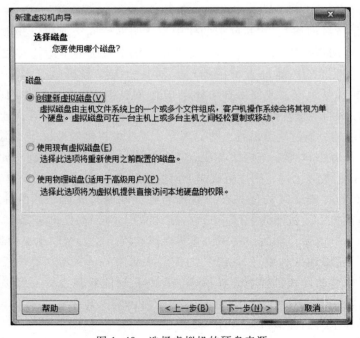

图 1-40 选择虚拟机的硬盘来源

创建新虚拟硬盘：虚拟硬盘在主机里表现为虚拟机"机箱"文件夹下的若干个文件。

使用现有虚拟磁盘：可将其他虚拟机的虚拟硬盘（主机里的对应文件）复制过来，安装到本虚拟机上。

使用物理磁盘：将主机上的一个物理硬盘或某个分区作为一个硬盘分配给虚拟机，虚拟机直接访问硬件，不需要经过操作系统统一调度，硬盘速度最快，建议专业级用户使用。

⑪ 单击"下一步"按钮，进入"选择磁盘类型"对话框，磁盘的类型为 IDE、SCSI 或 SATA，只要工作在虚拟机里的软件没有特殊要求，选择默认值即可，如图 1-41 所示。

图 1-41　"选择磁盘类型"对话框

⑫ 单击"下一步"按钮，进入"指定磁盘容量"对话框，指定硬盘的容量及在主机上的组织方式，如图 1-42 所示。

硬盘的大小不能超过主机硬盘空闲空间的大小。安装系统时还需要对此硬盘分区、格式化，例如除了 C 盘外，还可以分出 D、E 等盘。

"立即分配所有磁盘空间"复选框：在为虚拟机添置硬盘时，是否选中该复选框，应慎重考虑。若不选，优点是虚拟机新建很快完成，且仅占用主机极少的磁盘空间。在虚拟机运行的过程中，按照操作系统、应用软件和保存用户数据时，再从主机里临时动态分配，从而使得虚拟机的备份、复制和保存所耗的空间少，且速度快。缺点主要是虚拟机的运行速度稍慢，因为 VMware 在运行虚拟机的过程中向主机动态申请磁盘空间本身要耗时间，且分配到的磁盘空间可能在主机硬盘上比较零碎，不能保证连续，从而导致虚拟机的磁盘访问综合速度下降。本实验中追求创建的速度，因此不选择该选项。

"将虚拟磁盘存储为单个文件"单选按钮：将虚拟磁盘存储在一个文件

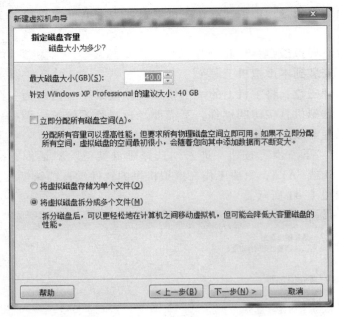

图 1-42 "指定磁盘容量"对话框

里，优点是主机管理方便。

"将虚拟磁盘拆分为多个文件"单选按钮：将虚拟磁盘分割为多个小的文件存储，优点是将虚拟机移动到其他计算机时比较方便，因为每一个文件均不大。这两个选项的优点与缺点刚好相反，根据需要选择。

⑬ 单击"下一步"按钮，进入"指定磁盘文件"对话框，为虚拟磁盘在主机磁盘上对应的文件命名并选择存放位置。默认的存放位置在该虚拟机的"机箱"文件夹下，建议不做改动，以方便虚拟机的复制和备份，如图 1-43 所示。

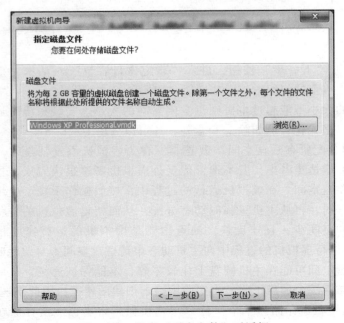

图 1-43 指定"磁盘文件"对话框

⑭ 单击"下一步"按钮，进入"已准备好创建虚拟机"对话框，VMware 显示出这台虚拟机的配置情况（光驱、软驱、USB 控制器、声卡等已由 VMware 作默认选择），如图 1-44 所示，一台新的虚拟机基本设置完成。

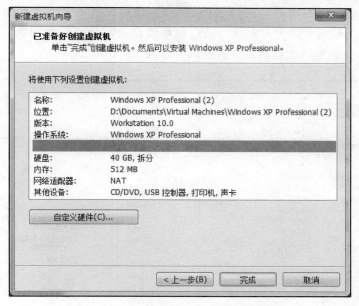

图 1-44 "已准备好创建虚拟机"对话框

若现在不需要再对虚拟机的配件作修改，则单击"完成"按钮完成虚拟机的组装，VMware Workstation 回到其主界面，如图 1-45 所示。

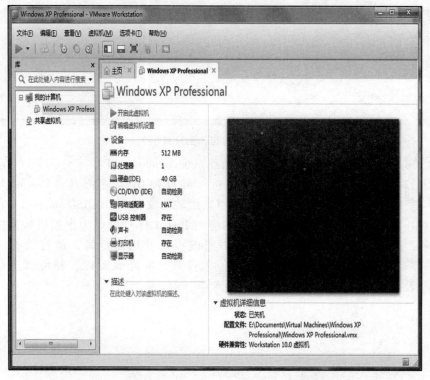

图 1-45 新建的虚拟机 Windows XP Professional 完成的主界面

若需要更改所建虚拟机的硬件配置，可选择图 1-45 菜单栏中"虚拟机"|"设置"命令或在"我的计算机"下的"Windows XP Professional"上右击，在弹出的快捷菜单中选择"设置"命令对虚拟机进行修改，如图 1-46 所示，可以删除不需要的硬件（如软驱），也可以新加硬件，例如增加多块网卡、多块硬盘和多个光驱等，还可以修改已有部分硬件的配置，例如内存大小、CPU 数量、光驱和软驱的设置。

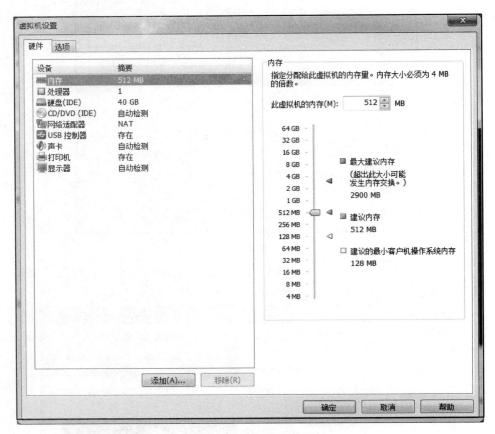

图 1-46 虚拟器的硬件配置

（4）为新建的虚拟计算机安装操作系统 Windows XP

① 将系统软件光盘插入虚拟机。可以使用物理光驱（Use physical drive）将光盘放入光驱；也可以使用光盘映像文件（Use ISO image file）包括 CD-ROM 和 DVD，此时需选择相应的 ISO 文件。可以为虚拟机装配多个光驱，光驱的设置如图 1-47 所示。当虚拟机开机运行时，通过选择"虚拟机"|"可移动设备"命令或图 1-47 右下方的光盘图标，都可以进行光盘设置。

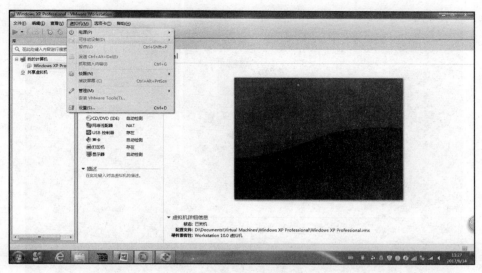

图 1-47　光驱的设置

在安装软件的过程中，经常需要换光盘，用户可选择一种自己习惯的方式完成任务。

② 单击图 1-45 中的"开启此虚拟机"按钮，虚拟机便开始像真正地计算机一样运行。

③ 在虚拟机上安装 Windows XP 的过程与在真实的计算机上安装没什么区别，按照提示一步一步往下做即可。操作时鼠标单击虚拟机的屏幕，鼠标和键盘便为虚拟机所使用，若需退出虚拟机，按 Ctrl+Alt 键即可。

④ 选择"虚拟机"|"安装 VMware Tools"命令，将专门的驱动程序和管理程序安装到虚拟机，提高虚拟机的运行性能和管理的方便性。

（5）虚拟机的基本使用

① 练习 View 视图菜单的使用。菜单里有"进入全屏模式"、"进入 Unity 模式"、"显示或隐藏控制台视图"等选项，在虚拟机开机状态下，体验效果，掌握每一个菜单项的作用。

想一想：
在虚拟机 Windows XP 里如何与外界交换数据？

虚拟机运行在主机系统里，就是一个应用程序窗口。可以让虚拟机的显示进入"进入全屏模式"，此时虚拟机的桌面将占满整个显示器，在全屏模式下，除了桌面顶端的工具条会暴露身份外（如图 1-48 所示，可以单击最左边的按钮实现隐藏或显示），从外观和使用上很难辨别出其是一台虚拟机。通过工具条中的菜单项或按钮，练习各种显示模式间的切换。

② 使用可移除设备。在虚拟机中，CD/DVD、网络适配器、打印机、声卡和 USB 设备都是可以移除的，可根据需要与虚拟机连接或断开连接，如图 1-49 所示。

图 1-48　虚拟机开启后进入全屏模式

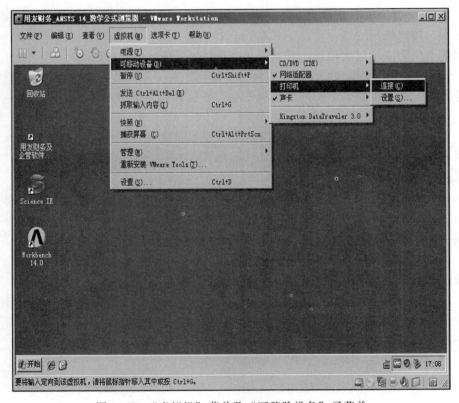

图 1-49　"虚拟机"菜单及"可移除设备"子菜单

想一想:
虚拟机在工作过程中死机、无响应、无法单击其开始菜单重启,此时该怎么办?

在这些可移除的设备中,唯一不同的是 USB 设备。一是不同 USB 设备在系统中显示的名字可能不同;二是 USB 设备不能与主机共享,由图 1-49 可以看出,连接 USB 设备到虚拟机的操作即意味着 USB 设备从主机断开。

③ 练习开机和关机状态下,虚拟机菜单下"电源"子菜单中各项功能的使用,"电源"子菜单中有开机、关机、挂起、重置等。

虚拟机也有自己的 BIOS 设置,启动时按 F2 或 Delete 键(不同版本可能有差异)进入,如图 1-50 所示。由于虚拟机开机时自检速度很快,开机启动界面一晃而过,来不及按 F2 键,此时可选择"虚拟机"|"启动时进入 BIOS"命令。

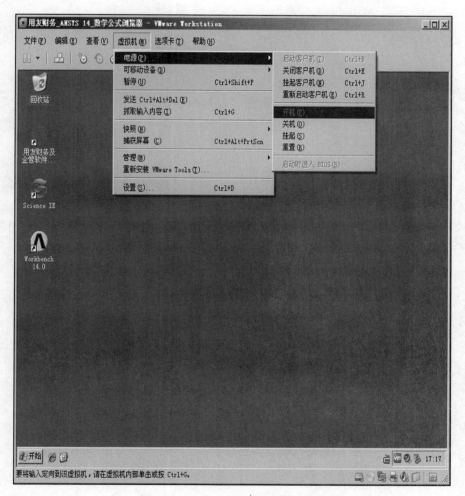

图 1-50　"虚拟机"|"电源"菜单

【实验思考】

某虚拟机工作过程中死机、无响应、无法单击某开始菜单重启,此时该怎么办?

四、实验报告要求

1. 实验报告项目要填写齐全。

2. 下载并使用已安装好的虚拟机，如 DOS、Linux，加深对虚拟机的认识。

3. 实验思考部分，请读者根据自己的情况自行选择是否完成。

4. 实验报告中的实验内容必须先抄写题目，然后给出完成实验过程的主要界面，最后给出结果分析。

第 2 章
问题求解的算法设计

实验 1　用 Raptor 向世界问好

一、实验目的

1. 了解 Raptor 的使用。
2. 掌握 Raptor 算法的结构。
3. 掌握 Raptor 算法的创建、编辑和运行过程。

二、实验原理

教材中有关流程图等相关知识。

三、实验任务

1. 模拟训练

任务 1-1：向世界问好。

【问题描述】

用 Raptor 设计算法向屏幕输出一行信息"Hello World!"。

【实验类型】

验证性实验。

【问题分析】

向屏幕输出一行信息"Hello World!"，
要用到"符号"区域中的"输出"。

【算法设计】

问题的算法流程如图 2-1 所示。

【运行结果】

程序运行结果如图 2-2 所示。

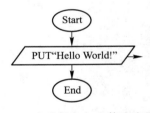

图 2-1　实验任务 1-1 算法流程图

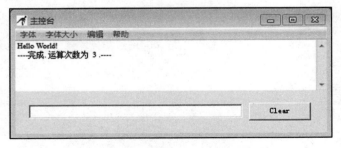

图 2-2　实验任务 1-1 运行结果截图

【实验思考】

请读者思考一下，如果要输出多行信息，如何修改算法？

2. 设计应用

任务 1-2：多行输出问题。

【问题描述】

设计算法输出下面两行信息：

I am learning the Raptor.

Very good!

【实验类型】

设计性实验。

【问题分析】

输出两行信息，可以用两个"输出"符号实现。

【算法设计】

问题的算法流程如图 2-3 所示。

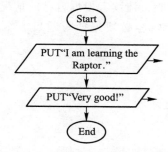

图 2-3 实验任务 1-2 算法流程图

【运行结果】

程序运行结果如图 2-4 所示。

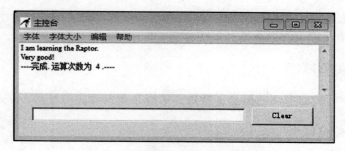

图 2-4 实验任务 1-2 运行结果截图

【实验思考】

请读者思考一下，如何输出字符组成一个形如 * 　 *　　 的 5 行三角形？
* 　 *　　
* 　 * 　 *

3. 拓展提高

任务 1-3：输出至少包括 5 行的三角形： *　　　。
* 　 * 　 *
* 　 * 　 * 　 * 　 *

【实验提示】

用空格调整字符的位置。

【实验类型】

设计性实验。

四、实验报告要求

1. 实验报告项目要填写齐全。

2. 请读者结合自己的能力，任选以下一种实验任务方案完成实验：① 利用上课实验时间，只完成模拟训练的验证性实验任务；② 利用课余时间阅读、理解模拟训练的验证性实验任务，在上课实验时间完成设计应用的设计性实验任务；③ 上课实验时间完成模拟训练的验证性实验任务和设计应用的设计性实验任务。

3. 拓展提高为选做实验，请读者根据自己的情况自行选择是否完成。

4. 实验报告中的实验内容必须先抄写题目，然后写出源程序和运行结果，最后给出结果分析。

实验 2   穷举法

一、实验目的

1. 掌握穷举法的概念、特点。

2. 掌握确定穷举范围的方法。

3. 初步掌握用穷举法设计算法解决实际问题。

二、实验原理

教材中有关穷举法的概念、特点，穷举范围的确定方法等相关知识。

三、实验任务

1. 模拟训练

任务 2-1：多变量方程求解问题。

【问题描述】

求满足表达式 $A+B=C$ 的所有整数解，其中 A、B、C 为 1~3 之间的整数。请设计算法计算出所有满足要求的整数解。

【实验类型】

验证性实验。

【问题分析】

第一步：确定 A、B、C 为三个解变量。

微视频 2.1：
任务 2-1 操作视频

第二步：A、B、C 的取值范围分别为 A∈{1，2，3}，B∈{1，2，3} 和 C∈{1，2，3}。

第三步：穷举各种情况，用判断语句找出满足条件的解。

【算法设计】

问题的算法流程如图 2-5 所示。

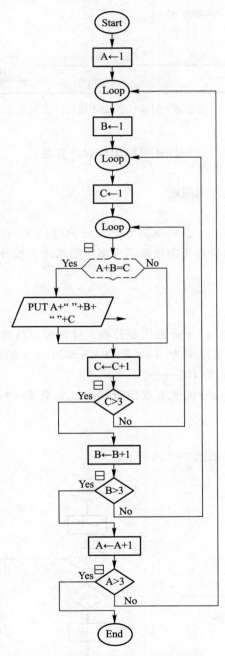

图 2-5　实验任务 2-1 算法流程图

【运行结果】

程序运行结果如图 2-6 所示。

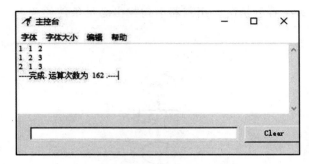

图 2-6 实验任务 2-1 运行结果截图

【实验思考】

请读者思考一下，该问题还可以怎样设计算法？

2. 设计应用

任务 2-2：百钱百鸡问题。

【问题描述】

假定小鸡每元 3 只，公鸡每只 5 元，母鸡每只 3 元。现在有 100 元钱要求买 100 只鸡，列出所有可能的购鸡方案。要求用户设计算法求解该问题。

【实验类型】

设计性实验。

【问题分析】

第一步：假设 x，y，z 分别代表公鸡，母鸡和小鸡的个数。

第二步：x 的取值范围为 $\{x \in N, 0 \leq x \leq 20\}$，$y$ 的取值范围为 $\{y \in N, 0 \leq y \leq 33\}$，则 z 的值为 $100-x-y$。

第三步：在 x、y、z 的所有取值范围中，如果 $5x+3y+z/3 = 100$，则找到一组解。

【算法设计】

问题的算法流程如图 2-7 所示。

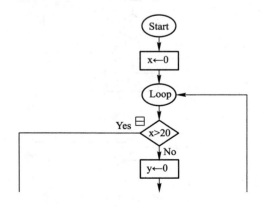

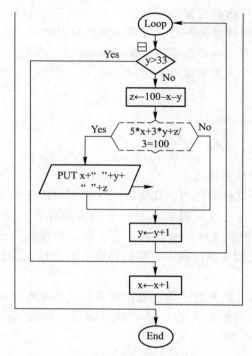

图 2-7 实验任务 2-2 算法流程图

【运行结果】

程序运行结果如图 2-8 所示。

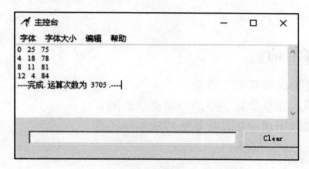

图 2-8 实验任务 2-2 运行结果截图

【实验思考】

请读者思考一下，是否可以采用任务 2-1 中的方法？试比较两种方法的优劣？

3. 拓展提高

任务 2-3：在 N 行 M 列的正整数矩阵中，要求从每行中选出 1 个数，使得选出的总共 N 个数的和最大。

【实验提示】

分析：要使总和最大，则每个数要尽可能大，自然应该选每行中最大的那个数。因此，设计出的算法如下。

第一步：设初始求和变量 sum = 0。

第二步：对于矩阵的每一行，寻找该行的最大数 m，将其累加到 sum。

第三步：当所有行均计算完成，输出 sum。

请读者编制一个函数模拟以上过程即可。

【实验类型】

设计性实验。

四、实验报告要求

1. 实验报告项目要填写齐全。

2. 请读者结合自己的能力，任选以下一种实验任务方案完成实验：① 利用上课实验时间，只完成模拟训练的验证性实验任务；② 利用课余时间阅读、理解模拟训练的验证性实验任务，在上课实验时间完成设计应用的设计性实验任务；③ 上课实验时间完成模拟训练的验证性实验任务和设计应用的设计性实验任务。

3. 拓展提高为选做实验，请读者根据自己的情况自行选择是否完成。

4. 实验报告中的实验内容必须先抄写题目，然后画出流程图，运行结果，最后给出结果分析。

实验 3　递推法

一、实验目的

1. 掌握递推法的概念、特点。

2. 掌握确定递推公式、方向和结束条件的方法。

3. 初步掌握用递推法设计算法解决实际问题。

二、实验原理

教材中有关递推法的概念、特点、递推公式、方向和结束条件的确定方法等相关知识。

微视频 2.2：
任务 3-1 操作视频

三、实验任务

1. 模拟训练

任务 3-1：斐波那契数列。

【问题描述】

一个数列的第 0 项为 0，第 1 项为 1，以后每一项都是前两项的和，这个数列就是著名的斐波那契数列，求斐波那契数列的第 n 项。

【实验类型】

验证性实验。

【问题分析】

第一步：根据题意，可以确定初始值 $f_0 = 0$，$f_1 = 1$；则递推关系式如下：

$$f_n = \begin{cases} 1 & (n=0) \\ 2 & (n=1) \\ f_{n-1}+f_{n-2} & (n \geqslant 2) \end{cases}$$

第二步：由初始值开始，从第 2 项开始，逐项推算，直到第 n 项为止。

第三步：输出推理结果和推理过程。

【算法设计】

问题的算法流程如图 2-9 所示。

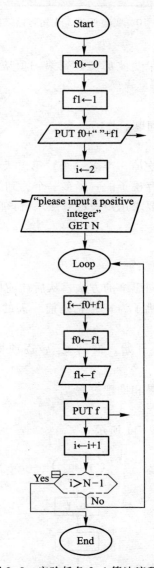

图 2-9　实验任务 3-1 算法流程图

【运行结果】

程序运行结果如图 2-10 所示。

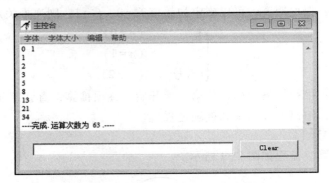

图 2-10　实验任务 3-1 运行结果截图

【实验思考】

请读者思考一下，如果斐波那契数列第一项从 1 开始计数，要求输出前 n 项，如何修改算法？

2. 设计应用

任务 3-2：猴子吃桃问题。

【问题描述】

小猴有桃若干，当天吃掉一半多一个；第二天接着吃了剩下桃子的一半多一个；以后每天都吃尚存桃子的一半多一个，到第 7 天早上只剩下 1 个了，问小猴原有多少个桃子？要求用户设计算法求解该问题。

【实验类型】

设计性实验。

【问题分析】

解决该问题可采取逆向思维的方法，从后往前推断。

第一步：设第 n 天的桃子为 x_n，它是前一天的桃子数的一半少 1 个，即 $x_{n-1} = (x_n + 1) \times 2$。

第二步：由初始值 x_n 开始，推出 x_{n-1}，逐项推算，直到推到第 1 项 x_1 为止。

第三步：输出推理结果和推理过程。

【算法设计】

问题的算法流程如图 2-11 所示。

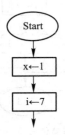

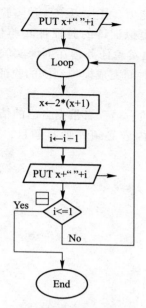

图 2-11 实验任务 3-2 算法流程图

【运行结果】

程序运行结果如图 2-12 所示。

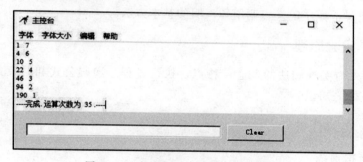

图 2-12 实验任务 3-2 运行结果截图

【实验思考】

请读者思考一下，如果是第 8 天、第 9 天早上只剩一个桃子呢？如何设计算法？任意的天数呢？

3. 拓展提高

任务 3-3：求 $N!$

【实验提示】

将求 $N!$ 的问题转化为 $N*(N-1)!$。

【实验类型】

设计性实验。

四、实验报告要求

1. 实验报告项目要填写齐全。

2. 请读者结合自己的能力，任选以下一种实验任务方案完成实验：① 利用上课实验时间，只完成模拟训练的验证性实验任务；② 利用课余时间阅读、理解模拟训练的验证性实验任务，在上课实验时间完成设计应用的设计性实验任务；③ 上课实验时间完成模拟训练的验证性实验任务和设计应用的设计性实验任务。

3. 拓展提高为选做实验，请读者根据自己的情况自行选择是否完成。

4. 实验报告中的实验内容必须先抄写题目，然后写出源程序和运行结果，最后给出结果分析。

实验 4　递归法

一、实验目的

1. 掌握递归的概念、特点和执行过程。
2. 掌握确定递归公式和结束条件的方法。
3. 初步理解模块化设计方法。
4. 理解子程序定义、调用和声明的基本方法。

二、实验原理

教材中有关递归法的概念、特点、执行过程、递归公式和结束条件的确定方法等相关知识。

微视频 2.3：
任务 4-1 操作视频

三、实验任务

1. 模拟训练

任务 4-1：求 $N!$

【问题描述】

请设计算法求 $N!$，$N! = N * (N-1) * \cdots * 1$。

【实验类型】

验证性实验。

【问题分析】

第一步：根据题意，可以确定边界条件为 $0! = 1$ 和 $1! = 1$。

第二步：将求 $N!$ 的问题转化为 $N * (N-1)!$。

第三步：当 $N=0$ 或 $N=1$ 时，递归返回并输出结果；否则令 $N=N-1$，转第二步继续递归前进。

【算法设计】

问题的算法流程如图 2-13 所示，包括主程序 main 和求阶乘的子程序 factor。

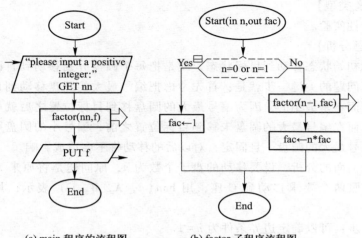

(a) main 程序的流程图   (b) factor 子程序流程图

图 2-13 实验任务 4-1 算法流程图

求阶乘的子程序 factor 的创建提示：单机"模式"菜单，选择"中级"，右击"main"，选择"增加一个子程序"，打开"创建子程序"对话框，在其中给子程序命名和定义输入参数 n、输出参数 fac。

【运行结果】

求 5!，程序运行结果如图 2-14 所示。

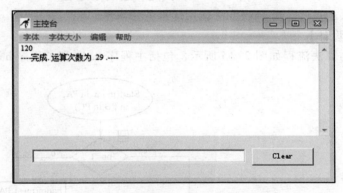

图 2-14 实验任务 4-1 运行结果截图

【实验思考】

请读者思考一下，如果不使用递归方法，如何设计算法？

2. 设计应用

任务 4-2：Hanoi（汉诺）塔问题。

【问题描述】

古代有一个梵塔，塔内有 A、B、C 共 3 个座，开始时 A 座上有 64 个盘子，盘子大小不等，大的在下，小的在上。有一个老和尚想把这 64 个盘子从 A 座移到 C 座，但规定每次只允许移动一个盘，且在移动过程中在 3 个座上都始终保持大盘在下，小盘在上。在移动过程中可以利用 B 座。要求设计算法输出移动盘子的步骤。

【实验类型】

设计性实验。

【问题分析】

要从初始状态移动到目标状态，就是把每个圆盘分别移动到自己的目标状态。而问题的关键一步就是：首先考虑把编号最大的圆盘移动到自己的目标状态，而不是最小的，因为编号最大的圆盘移到目标位置之后就可以不再移动了，而在编号最大的圆盘未移到目标位置之前，编号小的圆盘可能还要移动，编号最大的圆盘一旦固定，对以后的移动将不会造成影响。

根据上面的分析，设要移动的盘子个数为 n，原问题是将原来 A 座上的 n 个盘按照两个要求移动到 C 座，用 han(n，A，B，C）表示，具体过程如下。

第一步：可以确定边界条件为 $n=1$。

第二步：将 A 上 $n-1$ 个盘借助 C 座移到 B 座上，用 han($n-1$，A，C，B）表示。

第三步：把 A 座上剩下的一个盘移到 C 座上。

第四步：将 $n-1$ 个盘从 B 座借助于 A 座移到 C 座上，用 han($n-1$，B，A，C）表示。

从上面的分析可以看出，原问题 han(n，A，B，C）调用了 han($n-1$，A，C，B）和 han($n-1$，B，A，C），因此，它属于过程 han 又调用了自己，属于递归法的范畴，并且该方法能用递推方法求解。

【算法设计】

问题的算法流程如图 2-15 所示，包括主程序 main 和子程序 hanoi。

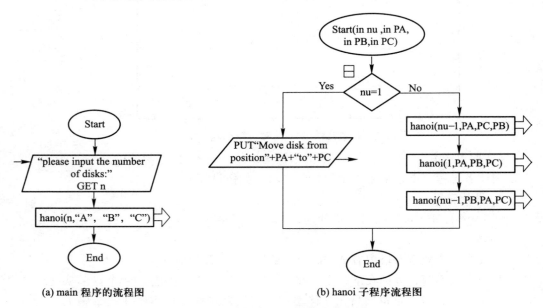

(a) main 程序的流程图   (b) hanoi 子程序流程图

图 2-15 实验任务 4-2 算法流程图

【运行结果】

盘子数量为 3 时，程序运行结果如图 2-16 所示。

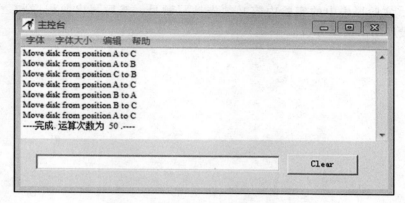

图 2-16　实验任务 4-2 运行结果截图

【实验思考】

请读者思考一下，当盘子数量增加时，程序运行速度会如何变化？为什么？

3. 拓展提高

任务 4-3：归并排序。某数列存储在序列 A［1］、A［2］……A［n］中，现采用归并思想进行排序。

【实验提示】

根据分治法的分割原则，原问题应该分为多少个子问题才较适宜？大量实践发现：在用分治法设计算法时，最好是子问题的规模大致相同。通常可以采取二分法，因为这么划分既简单又均匀。使子问题规模相等的做法是出自平衡子问题的思想，一般情况下总是比子问题规模不等的做法要有效。因此该实例采用二分法。

第一步：当 n>=2 时，则问题可分；转第二步；否则转第三步。

第二步：先将 n 个元素分成两个各含［n/2］（或［n/2］）个元素的子序列；再用归并排序法对两个子序列递归的排序；最后合并两个已排序的子序列以得到排序结果。

第三步：在对子序列排序时，当其长度为 1 时递归结束。

【实验类型】

设计性实验。

四、实验报告要求

1. 实验报告项目要填写齐全。

2. 请读者结合自己的能力，任选以下一种实验任务方案完成实验：① 利用上课实验时间，只完成模拟训练的验证性实验任务；② 利用课余时间阅读、理解模拟训练的验证性实验任务，在上课实验时间完成设计应用的设计性实验任务；③ 上课实验时间完成模拟训练的验证性实验任务和设计应用的设计性实验任务。

　　3. 拓展提高为选做实验，请读者根据自己的情况自行选择是否完成。

　　4. 实验报告中的实验内容必须先抄写题目，然后写出源程序和运行结果，最后给出结果分析。

第 3 章
问题求解的程序实现

实验 1　结构化程序设计

一、实验目的

1. 理解程序的概念、认识程序设计的基本过程。
2. 理解高级程序设计语言的构成。
3. 体会结构化程序设计的基本方法。

二、实验原理

教材中有关程序的定义、程序设计的步骤、高级程序设计语言、结构化程序设计方法等相关知识。

三、实验任务

1. 模拟训练

任务 1-1：认识 Visual C++6.0 集成开发环境。

【任务描述】

编辑 C 语言程序，在屏幕上输出"Welcome to the programming world！"。掌握 Visual C++6.0 集成开发环境的启动与退出方法。了解如何使用 Visual C++6.0 编辑、编译、链接和运行一个 C 程序。

【实验类型】

验证性实验。

【实验步骤】

C 语言是国际上广泛流行的高级语言，它适合作为系统描述语言，可以用来编写系统软件，也可以用来编写应用软件。C 语言属于面向过程的语言，是标准的结构化程序设计语言。同时 C 语言也是一种编译型的语言。运行一个 C 程序，要经过编辑源程序文件（.c）、编译生成目标文件（.obj）、链接生成可执行文件（.exe）和执行 4 个步骤。

本实验使用的开发环境是 Visual C++6.0。它的集成开发环境将文本编辑、程序编译、链接以及程序运行一体化，具有标准的 Windows 窗口、菜单栏和工具栏等，大大方便了程序的开发。Visual C++6.0 的界面说明如图 3-1。

（1）启动 Visual C++6.0

在桌面上双击 Visual C++6.0 的图标，或者在"开始"菜单中找到并选择 Visual C++6.0 命令，就可以完成 Visual C++6.0 的启动。关闭每日提示对话框，Visual C++6.0 启动完成。

微视频 3.1：
任务 1-1

图 3-1　Visual C++6.0 的界面

（2）创建 C 程序文件

单击工具栏中的"新建文件"按钮，打开代码编辑窗口。单击工具栏上的"保存文件"按钮，将文件命名为"任务 1-1.c"，文件创建工作完成。请注意命名文件的时候，扩展名必须为 .c。

（3）编辑源程序

在代码编辑窗口输入如下代码，输入完成后仔细检查是否有键入错误。检查无误后，再次单击工具栏上的"保存"按钮。

```
/*屏幕输出—任务 1-1.c*/
#include <stdio.h>
void main()
{
    printf ("Welcome to the programming world!\n");
}
```

例题源程序 3.1：
任务 1-1.c

（4）编译目标文件

单击编译按钮（或使用组合键 Ctrl+F7），对程序进行编译。根据提示信息全部选择选"是"按钮确认，生成目标文件"任务 1-1.obj"。如果程序中没有语法错误，则在信息输出窗口输出如图 3-1 所示的结果。

如果程序中存在语法错误，则会在信息输出窗口显示错误信息，如图 3-2 所示。这些信息说明：在编译"任务 1-1.c"的时候出现了错误；错误行是第 5 行；错误原因是标识符"}"前面丢了分号"；"。双击错误提示，可以在源程序中定位错误行的位置。按照错误提示修改程序，再次进行编译，直到不存在语法错误为止。

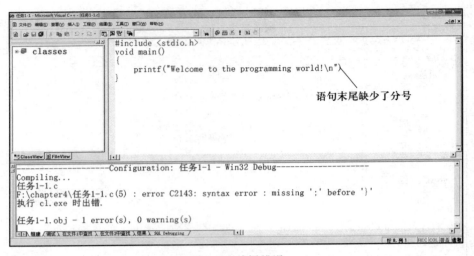

图 3-2 编译错误

（5）链接目标文件

单击链接按钮，生成可执行文件"任务 1-1. exe"，此时的信息输出窗口如图 3-3 所示。

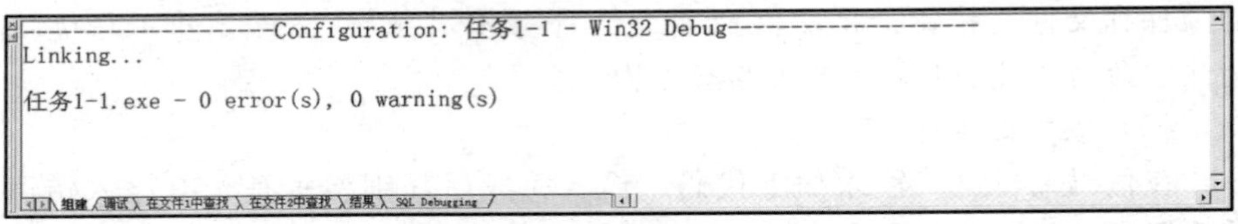

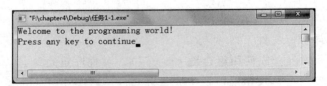

图 3-3 链接目标文件生成可执行文件

（6）建立执行程序

单击"运行"按钮（或使用组合键 Ctrl+F5），程序开始执行。程序的运行结果如图 3-4 所示。按下任意键，输出结果的屏幕返回编辑状态。一个 C 程序的执行过程结束。

图 3-4 实验任务 1-1 运行结果截图

（7）退出程序

选择文件菜单中的"关闭工作空间"命令，即可退出该程序。重复之前的第一步就可以开始新的程序设计。

【实验思考】

请读者研究一下，Visual C++6.0 的文件菜单中"关闭"、"关闭工作空间"、"退出"命令有什么不同？

2. 设计应用

任务 1-2：顺序结构程序设计。

【问题描述】

已知三角形三条边的长度，计算三角形的面积。

【实验类型】

验证性实验。

【问题分析】

在源程序中给定已知的三条边长，并由海伦公式计算面积后输出。特点是程序运行一次只能计算一次程序给定的三角形的面积。

【算法设计】

问题的算法流程如图 3-5 所示。

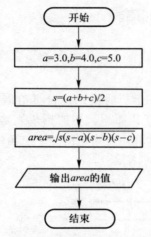

图 3-5 实验任务 1-2 算法流程图

【参考代码】

完整的程序参考代码如下。

```
/* 指定三角形面积—任务 1-2.c */
#include <stdio.h>
#include <math.h>
void main()
{
    float a,b,c,s,area;
    a=3.0;
    b=4.0;
    c=5.0;
    s=1.0/2*(a+b+c);
    area=sqrt(s*(s-a)*(s-b)*(s-c));
    printf("area=%f\n",area);
}
```

例题源程序 3.2：
任务 1-2.c

【运行结果】

程序运行结果如图 3-6 所示。

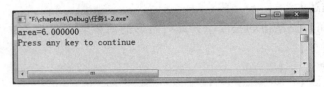

图 3-6   实验任务 1-2 运行结果截图

【实验思考】

请读者研究一下，C 语言是如何体现程序设计语言的主要组成成分的？

任务 1-3：选择结构程序设计。

【问题描述】

计算任意一个三角形的面积。

【实验类型】

验证性实验。

【问题分析】

三角形三条边长在程序运行时由用户自行给出，并由程序判断是否能够构成三角形，能构成则计算其面积，不能构成则输出不能计算的提示信息。特点是程序运行一次可以计算用户指定的一个三角形的面积。

【算法设计】

问题的算法流程如图 3-7 所示。

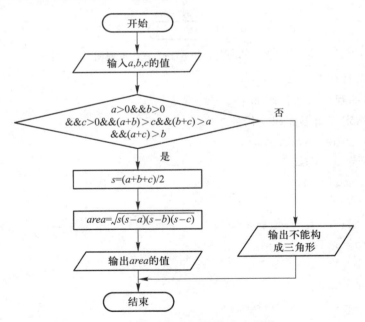

图 3-7   实验任务 1-3 算法流程图

【参考代码】

完整的程序参考代码如下。

```
/*用户自定义三角形面积—任务1-3.c*/
#include <stdio.h>
#include <math.h>
void main()
{
    float a,b,c,s,area;
    printf("请输入三角形三条边的长度,并用逗号间隔数据");
    scanf("%f,%f,%f",&a,&b,&c);
    if(a>0&&b>0&&c>0&&(a+b)>c&&(b+c)>a&&(a+c)>b)
    {
        s=1.0/2*(a+b+c);
        area=sqrt(s*(s-a)*(s-b)*(s-c));
        printf("area=%f\n",area);
    }
    else
        printf("不能构成三角形\n");
}
```

例题源程序 3.3:
任务 1-3.c

【运行结果】

程序运行结果如图 3-8 所示。

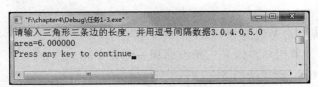

图 3-8　实验任务 1-3 运行结果截图

【实验思考】

请读者研究一下,选择结构程序设计的特点,如果有多种情况,该如何选择呢?

任务 1-4:循环结构程序设计。

【问题描述】

多次计算任意一个三角形的面积。

【实验类型】

验证性实验。

【问题分析】

可以多次计算任意三角形面积,直到用户输入的三条边长都是-1,程序结束运行。特点是程序运行一次,可以多次计算任意用户给定的三角形面积。

【算法设计】

问题的算法流程如图 3-9 所示。

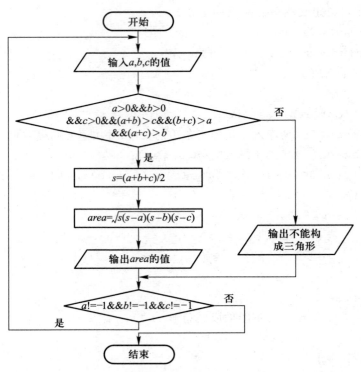

图 3-9 实验任务 1-4 算法流程图

【参考代码】

完整的程序参考代码如下。

例题源程序 3.4:
任务 1-4.c

```c
/* 多次计算用户自定义三角形面积—任务 1-4.c */
#include <stdio.h>
#include <math.h>
void main()
{
    float a,b,c,s,area;
    do
    {
        printf("请输入三角形三条边的长度,并用逗号间隔数据");
        scanf("%f,%f,%f",&a,&b,&c);
        if(a>0&&b>0&&c>0&&(a+b)>c&&(b+c)>a&&(a+c)>b)
        {
            s=1.0/2*(a+b+c);
            area=sqrt(s*(s-a)*(s-b)*(s-c));
            printf("area=%f\n",area);
        }
        else
            printf("不能构成三角形\n");
```

```
}while(a!=-1&&b!=-1&&c!=-1);
}
```

【运行结果】

程序运行结果如图 3-10 所示。

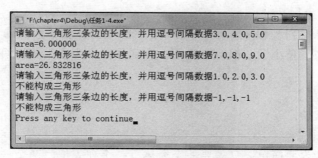

图 3-10　实验任务 1-4 运行结果截图

【实验思考】

请读者研究一下，循环结构程序设计中循环执行的次数，程序是否可以无限制地循环执行下去？

四、实验报告要求

1. 实验报告项目要填写齐全。

2. 请读者结合自己的能力，任选以下一种实验任务方案完成实验：① 利用上课实验时间，只完成验证性实验任务；② 利用课余时间阅读、理解基本应用的验证性实验任务，在上课实验时间完成设计性实验任务；③ 上课实验时间完成验证性实验任务和设计性实验任务。

3. 实验思考部分，请读者根据自己的情况自行选择是否完成。

4. 实验报告中的实验内容必须先抄写题目，然后给出完成实验过程的主要界面，最后给出结果分析。

实验 2　可视化程序设计

一、实验目的

1. 理解类及对象的概念。

2. 体会面向对象程序设计的基本方法。

3. 掌握可视化程序设计的基本方法。

二、实验原理

教材中有关面向对象、可视化程序设计等相关知识。

三、实验任务

1. 模拟训练

任务 2-1：猜数游戏。

微视频 3.2：
任务 2-1

【问题描述】

单击开始按钮，程序产生 1~100 之间的随机整数，然后输入你猜的数字，猜大了或者猜小了，都会有提示，直到你猜中为止，并说明你一共猜了几次。

【实验类型】

验证性实验。

【问题分析】

这个游戏界面简单，只需要一个窗体，一个列表框，两个按钮控件。程序随机产生的数只需要使用一个随机数生成初始化语句 randomize，函数 Int((n-m+1) * Rnd+m) 可产生从 m 到 n 之间的随机整数，另外需要输入的数据可以从弹出的窗口中输入。

【算法设计】

问题的算法流程如图 3-11 所示。

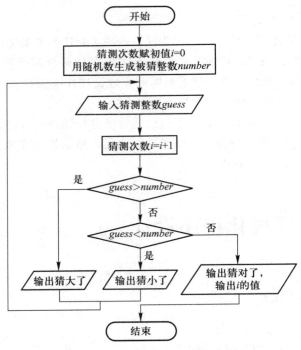

图 3-11　实验任务 2-1 算法流程图

例题源程序 3.5：
任务 2-1 程序文件

【参考代码】

（1）绘制游戏界面

图 3-12 为绘制的游戏界面，在窗体上添加一个 ListBox 控件和两个 CommandButton 控件，并且调整对齐位置。

图 3-12　实验任务 2-1 程序界面

（2）按照表 3-1 设置各控件的属性

表 3-1　属 性 设 置

控件	属性	属性值
Form1	Caption	猜数游戏（1~100 的整数）
CommandButton1	Caption	开始
CommandButton2	Caption	结束

（3）编辑代码
① 双击开始按钮，从第二行开始输入以下代码。

```
Dim munber As Integer,guess As Integer,i As Integer
i = 0
Randomize
Number = Int((100) * Rnd + 1)
Do While guess <> Number
guess = Val(InputBox("请输入你所猜的整数"))
i = i + 1
If guess > Number Then
list1.AddItem ("你猜:" & guess & ",太大了!")
Else
If guess < Number Then
list1.AddItem ("你猜:" & guess & ",太小了!")
Else
list1.AddItem ("你猜:" & guess & ",恭喜你猜对了!" & i & "次")
End If
End If
```

```
Loop
```
② 双击结束按钮，从第二行开始输入以下代码。
```
End
```
【运行结果】

程序运行结果如图 3-13、图 3-14 所示。

图 3-13　实验任务 2-1 输入部分截图

图 3-14　实验任务 2-1 运行结果截图

【实验思考】

请读者研究一下，Visual Basic 6.0 程序设计中，类、对象、消息传递等面向对象的基本概念是如何体现的？

2. 设计应用

任务 2-2：设计一元二次方程求解器。

【问题描述】

设计一个一元二次方程 $ax^2+bx+c=0$ 的求解器，从界面上分别输入 a，b，c 的值，单击开始按钮，在界面显示该方程有几个根，分别是什么。单击结束按钮，结束程序运行。该程序界面可由窗体、标签、文本框和命令按钮等控件组成，请读者自行设计界面，并参考给出的代码，设置控件属性及添加代码，完成程序。

【实验类型】

设计性实验。

【参考代码】

完整的程序参考代码如下。

/ *一元二次方程求解器—任务 2-2.vbp * /

① 单击开始按钮参考代码。

```
Private Sub Command1_Click()
Dim a As Single,b As Single,delta As Single,root1 As Single,root2 As Single
a = Text1.Text
b = Text2.Text
c = Text3.Text
delta = b * b-4 * a * c
If (delta<0) Then
Text4.Text = 0
Else
root1 = (-b+Sqr(delta))/(2 * a)
root2 = (-b-Sqr(delta))/(2 * a)
Text4.Text = 2
Text5.Text = root1
Text6.Text = root2
End If
End Sub
```

② 单击结束按钮参考代码。

```
Private Sub Command2_Click()
End
End Sub
```

【实验思考】

请读者研究一下，在一元二次方程求解器运行时，如何快速擦除原有数据，进行下一个方程的求解？

四、实验报告要求

1. 实验报告项目要填写齐全。

2. 请读者结合自己的能力，任选以下一种实验任务方案完成实验：① 利用上课实验时间，只完成验证性实验任务；② 利用课余时间阅读、理解基本应用的验证性实验任务，在上课实验时间完成设计性实验任务；③ 上课实验时间完成验证性实验任务和设计性实验任务。

3. 实验思考部分，请读者根据自己的情况自行选择是否完成。

4. 实验报告中的实验内容必须先抄写题目，然后给出完成实验过程的主要界面，最后给出结果分析。

例题源程序 3.6：
任务 2-2 程序文件

第 4 章
数据库

实验 1　SQL Server 2016 的安装

一、实验目的

1. 了解 SQL Server 2016 的不同版本。
2. 掌握 SQL Server 2016 的安装过程。
3. 了解 DBMS 的工作原理和系统架构。

二、实验原理

教材中有关 SQL Server 版本介绍和安装过程。

三、实验任务

【任务描述】
安装 SQL Server 2016 以及相应的管理工具。
【实验类型】
验证性实验。
【实验步骤】

（1）安装 SQL Server 2016 开发版

① Microsoft SQL Server 2016 包含了企业版（Enterprise）、标准版（Standard）、专业版（Express）、开发版（Developer）等多个不同版本，其中 SQL Server 2016 开发版免费向用户开源，因此将其作为本实验的开发环境，开发版的中文安装文件可以从官方网站下载。运行安装文件后，进入如图 4-1 所

微视频 4.1：
安装 SQL Server 2016

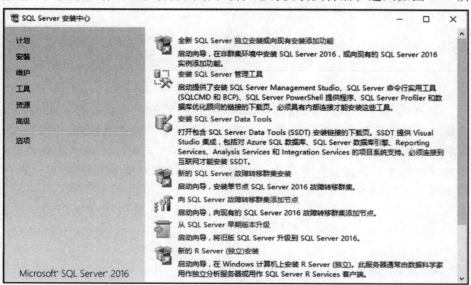

图 4-1　SQL Server 安装中心

示 SQL Server 安装中心，在窗口左侧选项卡中选择"安装"命令，窗口右侧会显示可以安装的内容。对于尚未安装 SQL Server 2016 的用户，选择第一项"全新 SQL Server 独立安装或面向现有安装添加功能"，启动 SQL Server 2016 安装程序。

② 依次选择默认的版本 Developer，接受微软软件许可条款，出现如图 4-2所示的全局规则检查，该检查器用于确认安装 SQL Server 安装程序支持文件时可能发生的错误，需要注意必须更正所有状态失败的规则。保证无失败状态规则后，继续下一步。如果无网络环境，可以选择忽略 Microsoft 检查更新和 SQL Server 产品更新，直接安装程序文件。出现安装规则检查后，类似前面出现过的全局规则，此步骤同样需要保证所有规则中无失败状态，否则可根据提示更改计算机配置，消除失败状态的规则。

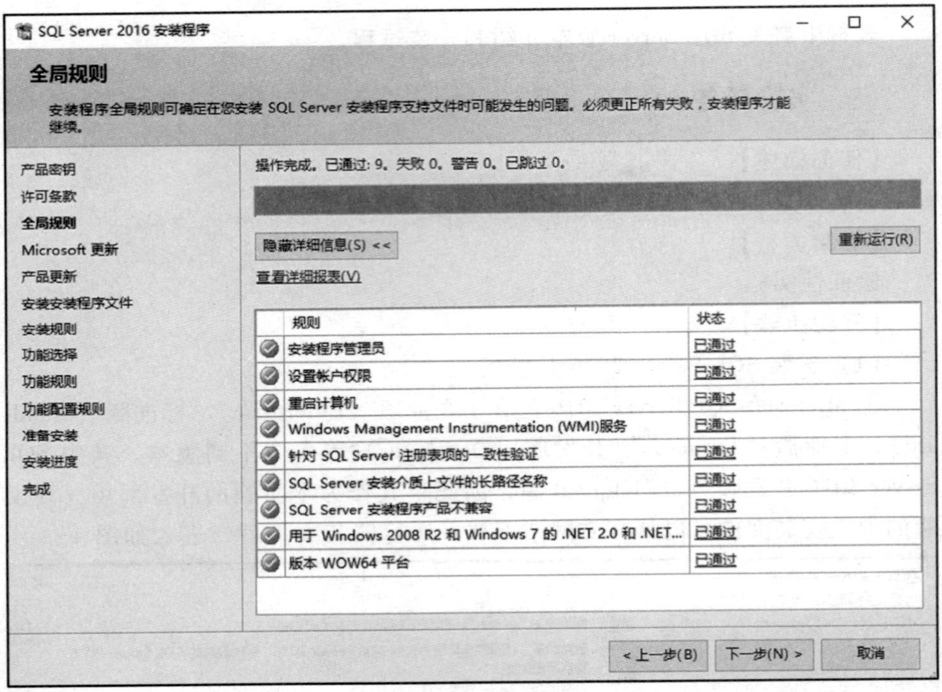

图 4-2　SQL Server 安装中心

③ 单击"下一步"按钮，弹出如图 4-3 所示的"功能选择"窗口，用户按照自己的需要选择本次安装的功能。如果机器硬件配置较高，可以全部安装。否则，选择当前需要用到的功能即可。本次安装选择了"实例功能"中的"数据库引擎服务"和"共享功能"中的"客户端工具连接"、"客户端工具 SDK"、"文档组件"。

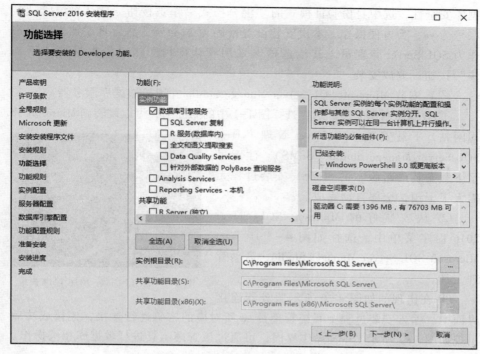

图 4-3　功能选择

④ 功能规则检查完成后，进入实例配置界面。可采用默认实例名 MSSQLSERVER，也可以自行命名实例。服务器配置采用默认即可。单击 "下一步" 按钮进入 "数据库引擎配置" 窗口，如图 4-4 所示。为了保障数

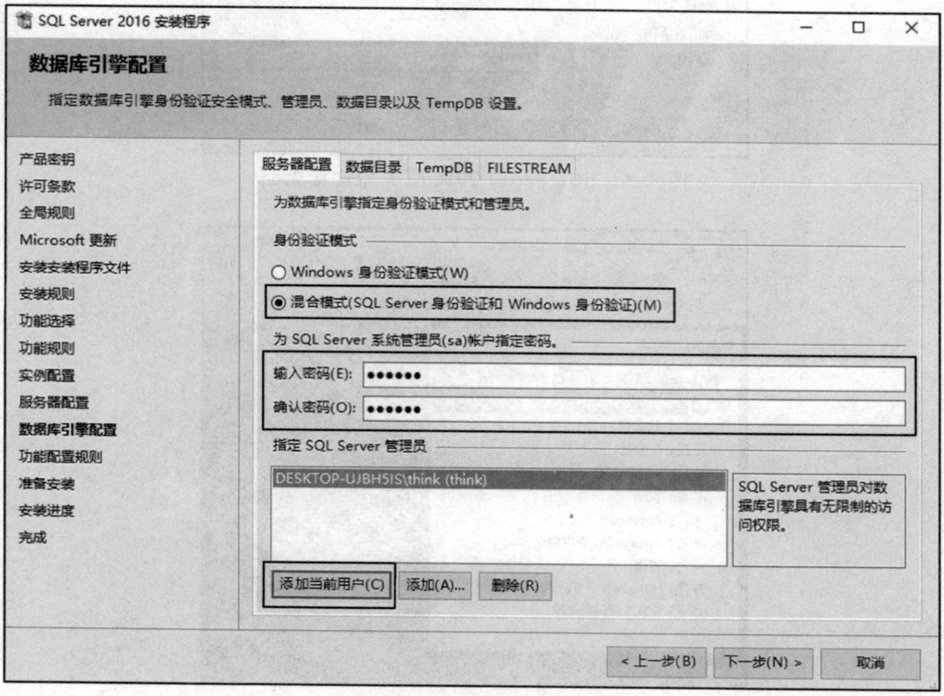

图 4-4　数据库引擎配置

据库安全性，选中身份验证模式的"混合模式"单选按钮。默认系统管理员账号为 sa，为方便操作，本次安装设置密码为 123456，然后将添加当前用户作为 SQL Server 管理员。其他选项卡采用默认即可。然后依次单击"下一步"按钮，完成安装。

（2）安装 Microsoft SQL Server Manage Studio 并连接数据库服务器

① 数据库示例安装好后，选择图 4-1 中的第二项，可以跳转到 Microsoft 公司网站，下载安装 SQL Server 管理工具——SQL Server Manage Studio（SSMS）。注意尽量下载安装最新版本的 SSMS。安装过程无需人工干预，全部自动完成。

② 从安装好的 Microsoft SQL Server 2016 程序菜单中，选择如图 4-5 所示的 Microsoft SQL Server Manager Studio，启动管理工具。

图 4-5　SQL Server 2016 程序菜单

③ 在出现的如图 4-6 所示服务器连接界面中，输入安装过程中系统管理员 sa 所对应的密码进行连接，连接成功后出现如图 4-7 所示 SSMS 操作界面，可通过该管理工具进行数据库相关操作。

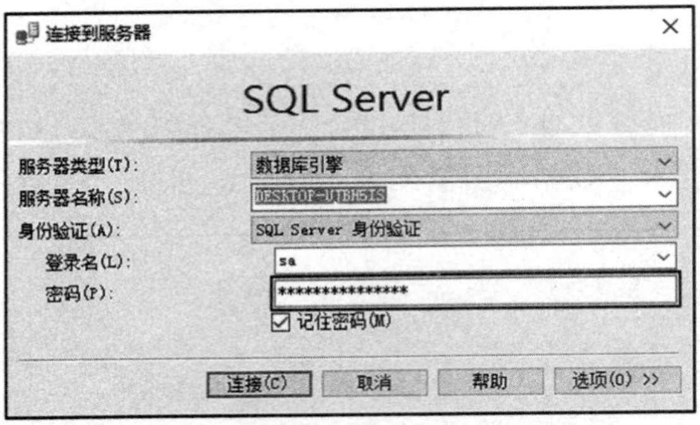

图 4-6　SQL Server 2016 服务器连接界面

图 4-7　SSMS 操作界面

【实验思考】

① 如果安装过程中出现全局规则或安装规则失败，如何解决？

② 安装过程中数据库的排序规则对将来存储在数据库中的数据有何影响？

四、实验报告要求

1. 实验报告项目要填写齐全。

2. 请读者结合自己的能力，利用上课实验时间，只完成验证性实验任务。

3. 实验报告中的实验内容必须先抄写题目，然后给出完成实验过程的主要界面，最后给出结果分析。

实验 2　SQL 语句的使用

一、实验目的

1. 熟悉 SSMS，并掌握数据库和数据表的创建和删除方法。

2. 熟悉数据表的各种操作，包括插入、修改、删除、查询。

3. 熟练掌握常用 SQL 语句的基本语法。

二、实验原理

教材中有关 SQL 语句的介绍和使用等知识。

三、实验任务

微视频 4.2：
数据库及数据表
的创建

1. 模拟训练

任务 2-1：数据库以及数据表的创建和删除。

【问题描述】

建立货物供应数据库 Supply，其中包含 4 张数据表，分别为供应商表，包含属性：供应商编号、供应商名称和所在城市；零件表包含属性：零件编号、零件名称、颜色、重量、城市；项目表包含属性：项目编号、项目名称和城市；货物供应表包含属性：供应商编号、零件编号、项目编号、供应量。4 张表的表名称和属性名分别为 Suppliers（SID，SName，City）、Parts（PID，PName，Colour，Weight，City）、Project（PrjNo，PrjName，City）和 Shipment（SID，PID，PrjNo，Qty）。带下划线的属性作为该表的主码，各表中的数据如表 4-1、表 4-2、表 4-3 和表 4-4 所示。

表 4-1　Suppliers

SID	SName	City
S1	Smith	London
S2	Jones	Paris
S3	Blake	Paris
S4	Clark	London
S5	Adams	Athens
S6	Smith	Melbourne

表 4-2　Parts

PID	PName	Colour	Weight	City
P1	Nut	Red	12	London
P2	Bolt	Green	17	Paris
P3	Screw	Red	14	London
P4	Cam	Blue	12	Paris
P5	Cog	Red	19	London

表 4-3　Project

PrjNo	PrjName	City
J1	Sorter	Paris
J2	Punch	Rome
J3	Reader	Athens
J4	Console	Athens
J5	Collator	London
J6	Terminal	Oslo
J7	Tape	Rome

表 4-4　Shipment

SID	PID	PrjNo	Qty
S1	P1	J1	200
S1	P1	J4	700
S2	P3	J1	400
S2	P3	J2	200
S3	P3	J4	500
S3	P4	J5	600

续表

SID	PID	PrjNo	Qty
S4	P5	J6	400
S4	P5	J7	800
S5	P1	J2	100
S5	P2	J1	200
S6	P5	J3	300

【实验类型】

验证性实验。

【问题分析】

第一步：数据库的创建使用 CREATE DATABASE 语句。

第二步：数据表的创建使用 CREATE TABLE 语句，并在建立表的同时定义主码。

第三步：在表中插入数据使用 INSERT INTO 语句，修改表中数据采用 UPDATE 动词，删除表中数据使用 DELETE 动词。

【参考代码】

完整的 SQL 参考代码如下。

```
/* Supply1-1.sql */
CREATE DATABASE Supply;
USE Supply;
CREATE TABLE Suppliers
(SID char(2) primary key,
  SName char(8),
  City char(10)
  );
CREATE TABLE Parts
(PID char(2) primary key,
  PName char(8),
  Colour char(8),
  Weight smallint,
  City char(10)
  );
CREATE TABLE Project
(PrjNo char(2) primary key,
  PrjName char(10),
  City char(10)
  );
```

```
CREATE TABLE Shipment
(SID char(2),
  PID char(2),
  PrjNo char(2),
  Qty smallint,
  primary key (SID,PID,PrjNo),
  foreign key (SID) references Suppliers(SID),
  foreign key (PID) references Parts(PID),
  foreign key (PrjNo) references Project(PrjNo),
  );

INSERT INTO Suppliers Values('S1','Smith','London');
INSERT INTO Suppliers Values('S2','Jones','Paris');
INSERT INTO Suppliers Values('S3','Blake','Paris');
INSERT INTO Suppliers Values('S4','Clark','London');
INSERT INTO Suppliers Values('S5','Adams','Athens');
INSERT INTO Suppliers Values('S6','Smith','Melbourne');

INSERT INTO Parts Values('P1','Nut','Red',12,'London');
INSERT INTO Parts Values('P2','Bolt','Green',17,'Paris');
INSERT INTO Parts Values('P3','Screw','Red',14,'London');
INSERT INTO Parts Values('P4','Cam','Blue',12,'Paris');
INSERT INTO Parts Values('P5','Cog','Red',19,'London');

INSERT INTO Project Values('J1','Sorter','Paris');
INSERT INTO Project Values('J2','Punch','Rome');
INSERT INTO Project Values('J3','Reader','Athens');
INSERT INTO Project Values('J4','Console','Athens');
INSERT INTO Project Values('J5','Collator','London');
INSERT INTO Project Values('J6','Terminal','Oslo');
INSERT INTO Project Values('J7','Tape','Rome');

INSERT INTO Shipment Values('S1','P1','J1',200);
INSERT INTO Shipment Values('S1','P1','J4',700);
INSERT INTO Shipment Values('S2','P3','J1',400);
INSERT INTO Shipment Values('S2','P3','J2',200);
INSERT INTO Shipment Values('S3','P3','J4',500);
INSERT INTO Shipment Values('S3','P4','J5',600);
INSERT INTO Shipment Values('S4','P5','J6',400);
```

```
INSERT INTO Shipment Values('S4','P5','J7',800);
INSERT INTO Shipment Values('S5','P1','J2',100);
INSERT INTO Shipment Values('S5','P2','J1',200);
INSERT INTO Shipment Values('S6','P5','J3',300);
```

【运行结果】

对象资源管理器中可以看到创建好的数据库和数据表，如图 4-8 所示。

图 4-8　数据库和数据表的建立

【实验思考】

请读者思考一下，如果要删除所有表格？先删除 Suppliers 表是否能行？为什么？应该按照什么样的顺序依次删除 4 张表？

2. 设计应用

任务 2-2：使用 SQL 语句实现简单查询。

微视频 4.3：使用 SQL 语句简单查询

【问题描述】

在任务 2-1 建立的数据库中通过 SQL 语句实现以下查询要求。

① 查询在伦敦的所有项目的详细信息。

② 查询项目 J1 的供应商的编号，查询结果按供应商编号排列。

③ 找出零件的所有颜色和零件的储藏地并且消除取值重复的行。

④ 查询所有红色和蓝色的零件并且使用关键字 IN。

⑤ 查询货物供应量在 300 到 750（包括 300 和 750）之间的所有货物供应。

⑥ 查询所有货物供应中的零件名称和颜色。

⑦ 查询供应商从伦敦供应的所有零件的名称。

【实验类型】

设计性实验。

【问题分析】

查询 1：题目为单表简单查询，查询项目表中满足 City 是 London 的所有元组。

查询 2：题目为单表简单查询，对查询结果排序需要使用关键字 ORDER BY。

查询 3：SQL 语句中消除取值重复的行使用 DISTINCT 关键字。

查询 4：SQL 语句中查询的值在某个集合中时使用 IN 关键词。

查询 5：SQL 语句查询某个范围内的值使用 BETWEEN 关键字。

查询 6：查询的属性来自于多个表，需要使用多表连接查询。

查询 7：查询的属性来自于多个表，需要使用多表连接查询，并且增加供应商所在城市为 London 的条件。

【参考代码】

```
/* SQL 语句简单查询 */
① SELECT * FROM  Project WHERE City ='London';
② SELECT SID FROM Shipment WHERE PrjNo ='J1'ORDER BY SID;
③ SELECT DISTINCT Colour,City From Parts;
④ SELECT * FROM Parts WHERE Colour IN ('Red','Blue');
⑤ SELECT * FROM Shipment WHERE Qty BETWEEN 300 AND 750;
⑥ SELECT PName,Colour FROM Shipment,Parts WHERE Shipment.
  PID = Parts.PID;
⑦ SELECT PName FROM Parts,Shipment,Suppliers WHERE Parts.
  PID = Shipment.PID AND Shipment.SID = Suppliers.SID AND
  Suppliers.City ='London';
```

【运行结果】

程序运行结果如图 4-9、图 4-10、图 4-11、图 4-12、图 4-13、图 4-14 和图 4-15 所示。

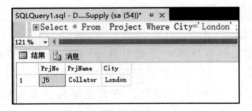

图 4-9　查询 1 结果

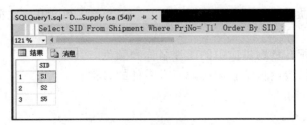

图 4-10　查询 2 结果

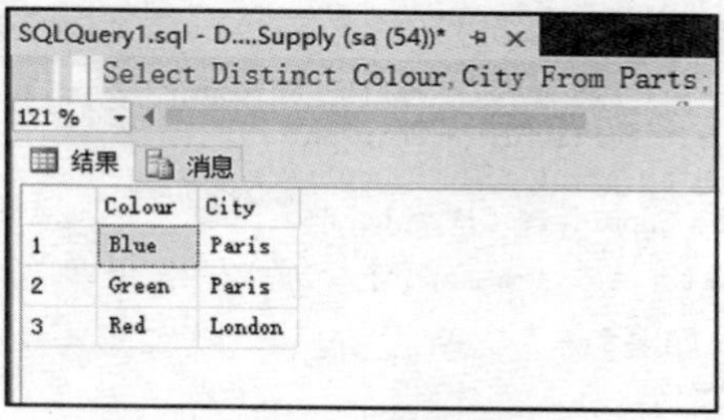

图 4-11　查询 3 结果

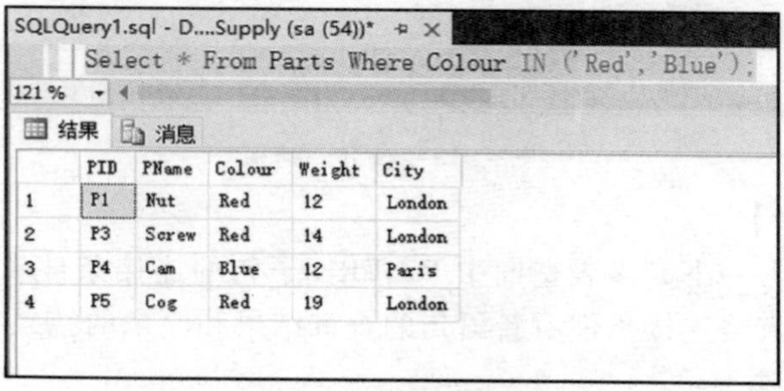

图 4-12　查询 4 结果

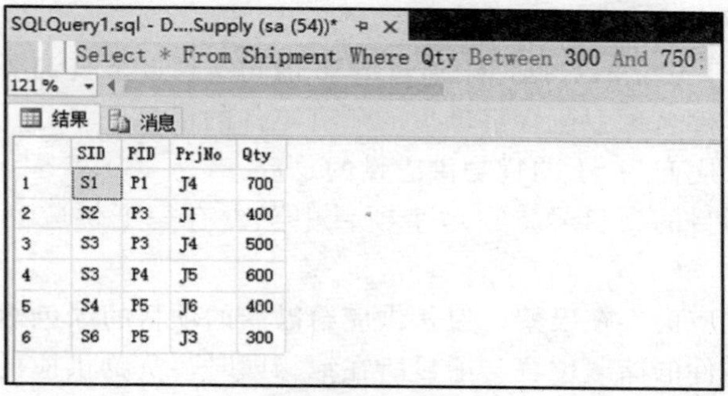

图 4-13　查询 5 结果

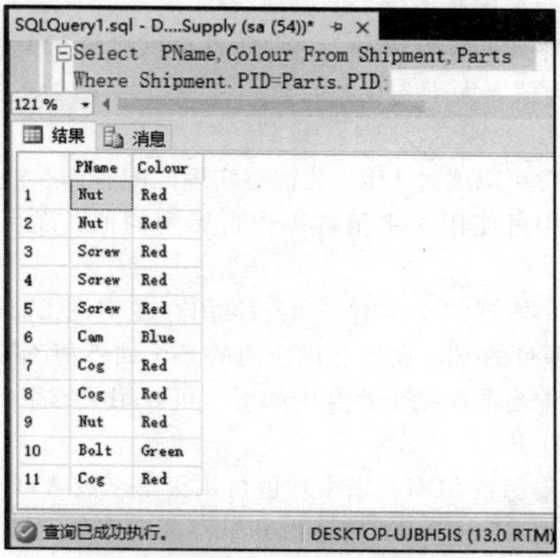

图 4-14　查询 6 结果

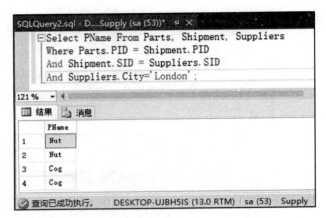

图 4-15　查询 7 结果

【实验思考】

请读者思考一下，多表查询中 WHERE 子句的连接条件省略后还能否正常执行语句？省略连接条件后新语句的查询结果和原来的结果有何差别？

3. 拓展提高

任务 2-3：使用 SQL 语句实现较为复杂的查询。

【问题描述】

在任务 2-1 建立的数据库中通过 SQL 语句实现以下查询要求。

① 查询零件名称中包含字母 T 的所有零件的信息。

② 查询供应商为 S1 的货物供应量的总数。

③ 查询项目的项目号，在这个项目中至少有一个供应商且不在同一个城市。

④ 查询供应商不在巴黎，但是供应给巴黎的项目的绿色螺钉的总数。

⑤ 查询零件的储藏位置与项目所在地相同时，货物供应的总数和货物供应的平均值。

⑥ 查询每个城市中有多少个供应商。

⑦ 查询所有零件的零件编号，这些零件被供应给至少一个项目，且供应的零件数量的平均值要大于 320。

【实验提示】

① SQL 语句中可以通过 LIKE 关键字实现匹配查询，注意通配符的使用。

② SQL 语句中可使用聚集函数操作目标列的值，题目中求和使用 SUM 函数。

③ SQL 语句中实现"至少有一个"可用存在谓词 EXISTS 实现，不在同一个城市意味着项目的 City 属性和供应商的 City 属性值不同。

④ SQL 语句中当值在某个集合中的话，可以用关键字 IN，不在某个集合中的话，可用 NOT IN。

⑤ 求和用聚集函数 SUM，求平均值可用聚集函数 AVG。

⑥ 需要先使用 GROUP BY 按城市分组，再用聚集函数 COUNT 统计每组中供应商的个数。

⑦ 需注意对分组之后的结果再输出符合指定条件的新元组的话，不能使用 WHERE 子句，而是使用 HAVING 短语。

【实验类型】

设计性实验。

四、实验报告要求

1. 实验报告项目要填写齐全。

2. 请读者结合自己的能力，任选以下一种实验任务方案完成实验：① 利用上课实验时间，只完成模拟训练的验证性实验任务；② 利用课余时间阅读、理解模拟训练的验证性实验任务，在上课实验时间完成设计应用的设计性实验任务；③ 上课实验时间完成模拟训练的验证性实验任务和设计应用的设计性实验任务。

3. 拓展提高为选做实验，请读者根据自己的情况自行选择是否完成。

4. 实验报告中的实验内容必须先抄写题目，然后写出源程序和运行结果，最后给出结果分析。

实验 3 SQL 应用程序

一、实验目的

1. 了解应用程序与 SQL Server 数据库连接的常用技术。

2. 掌握通过 VB 程序的 ADO 控件访问 SQL Server 数据库的方法。

3. 了解通过应用程序对数据库中数据进行访问和操作的基本方式。

二、实验原理

教材中有关 SQL 应用程序和 ADO 组件的介绍和使用等知识。

三、实验任务

微视频 4.4：
VB 应用程序访问数据库

1. 模拟训练

任务 3-1：通过 VB 应用程序实现对数据库中数据的基本操作。

【问题描述】

设计一个 VB 程序，通过 ADO（ActiveX Data Object）控件连接数据库，实现在可视化界面中对实验 2 建立的 Supply 数据库中的零件数据表（Parts）进行简单的插入、删除、修改、查询操作。

【实验类型】

验证性实验。

【问题分析】

Microsoft VB 6.0 提供的 ADO 控件中可以绑定数据源，将数据操作的结果记录存放在 DataGrid 控件中，并通过与其他控件（如文本框）相结合实现对数据库中数据的查询和更新操作。

【实现过程】

① 创建一个 VB 应用程序，首先通过菜单"工程"|"部件"，将"Microsoft ADO Data Control 6.0（OLEDB）"和"Microsoft DataGrid Control 6.0（OLEDB）"两个控件添加到 VB 开发环境的左侧工具箱中。

② 从左侧工具箱中添加若干 Label 控件、Text 文本框和 Command 按钮到窗体中，设置相应属性，使得布局如图 4-16 所示。再添加 1 个 DataGrid 控件，1 个 ADODC 控件，为连接数据库和显示数据做好准备。

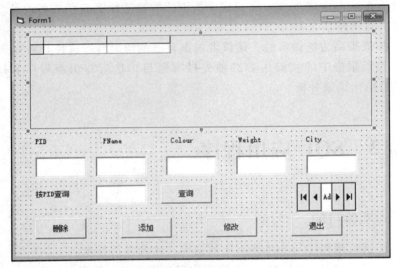

图 4-16　窗体、控件的布局和属性设置

③ 在 ADODC 控件上右击选择"ADODC 属性"命令，弹出"属性页"对话框，如图 4-17 所示。再选中"使用连接字符串"单选按钮，单击"生

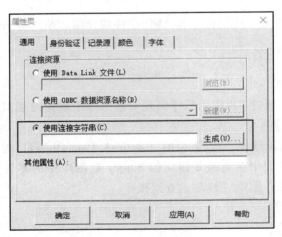

图 4-17　ADODC 属性

成"按钮,弹出"数据链接属性"对话框。在"提供程序"选项卡中选择"Microsoft OLE DB Provider for SQL Server"命令,单击"下一步"按钮,在连接选项卡中,将如图 4-6 所示的登录 SQL Server 数据库引擎时的服务器名称、用户名称、密码、本实验要用的数据库,依次填入相应位置,如图 4-18所示,最后成功通过测试连接。单击"确定"按钮关闭"数据链接属性"对话框,返回"属性页"对话框,将"记录源"选项卡的命令类型设置为"1-adCmdText",完成相关设置。

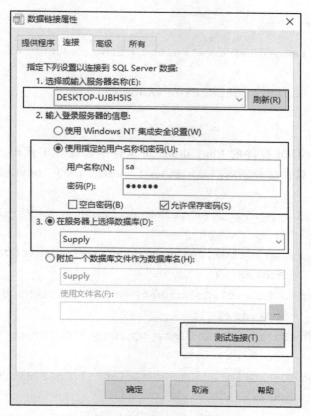

图 4-18　数据链接属性设置

④ 设置窗体载入时,隐藏 ADODC1 控件。

参考代码:
```
Private Sub Form_Load()
    Adodc1.Visible=False
End Sub
```

⑤ 在"查询"按钮的单击事件中添加如下代码,实现查询功能。
```
Private Sub Command1_Click()
  Dim str As String
  str=Text6.Text        '查询按钮前的文本框,用来输入要查询的 PID
  If str <> "" Then      '若文本框非空,显示所有元组,并通过箭头指向符
                          合查询条件的元组
    Adodc1.RecordSource="select * from parts "
```

```
        Set DataGrid1.DataSource=Adodc1
        Adodc1.Recordset.MoveFirst
        Adodc1.Recordset.Find "PID like '%" & str & "%'"
        If Adodc1.Recordset.EOF Then      '若找不到符合条件的元组,弹出
                                              对话框提示
          Set DataGrid1.DataSource=Nothing
          MsgBox "未找到!","查询结果"
        End If
    Else
        Adodc1.RecordSource="select * from parts "   '若文本框为空,
                                              显示所有元组
        Set DataGrid1.DataSource=Adodc1
    End If
End Sub
```

⑥ 在 DataGrid 控件的 RowColChange 事件中添加如下代码,实现将选中的元组的 5 个属性值分别对应显示到 text1、text2、text3、text4 和 text5 五个文本框中。

```
Private Sub DataGrid1_RowColChange(LastRow As Variant,ByVal
        LastCol As Integer)
  Text1.Text=DataGrid1.Columns("PID").CellText(DataGrid1.
            Bookmark)
  Text2.Text=DataGrid1.Columns("PName").CellText(DataGrid1.
            Bookmark)
  Text3.Text=DataGrid1.Columns("Colour").CellText(DataGrid1.
            Bookmark)
  Text4.Text=DataGrid1.Columns("Weight").CellText(DataGrid1.
            Bookmark)
  Text5.Text=DataGrid1.Columns("City").CellText(DataGrid1.
            Bookmark)
End Sub
```

⑦ 在"添加"按钮的单击事件中添加如下代码,实现通过文本框给表中插入一个新元组。

```
Private Sub Command3_Click()
  Adodc1.Recordset.AddNew
  Adodc1.Recordset.Fields(0)=Text1.Text
  Adodc1.Recordset.Fields(1)=Text2.Text
  Adodc1.Recordset.Fields(2)=Text3.Text
  Adodc1.Recordset.Fields(3)=Text4.Text
  Adodc1.Recordset.Fields(4)=Text5.Text
```

```
    Adodc1.Recordset.Update
End Sub
```

⑧ 在"删除"按钮的单击事件中添加如下代码，实现删除 DataGrid1 中选中的当前元组。

```
Private Sub Command2_Click()
    Adodc1.Recordset.Delete (adAffectCurrent)
    Adodc1.Recordset.Requery
End Sub
```

⑨ 在"修改"按钮的单击事件中添加如下代码，实现通过文本框修改表中某个选定元组的值。

```
Private Sub Command4_Click()
    DataGrid1.AllowUpdate = True
    Adodc1.Recordset.Fields(0) = Text1.Text
    Adodc1.Recordset.Fields(1) = Text2.Text
    Adodc1.Recordset.Fields(2) = Text3.Text
    Adodc1.Recordset.Fields(3) = Text4.Text
    Adodc1.Recordset.Fields(4) = Text5.Text
    Adodc1.Recordset.Update
End Sub
```

⑩ 在"退出"按钮的单击事件中添加如下代码，实现退出程序。

```
    Private Sub Command5_Click()
        End
    End Sub
```

【运行结果】

VB 程序运行界面如图 4-19 所示。

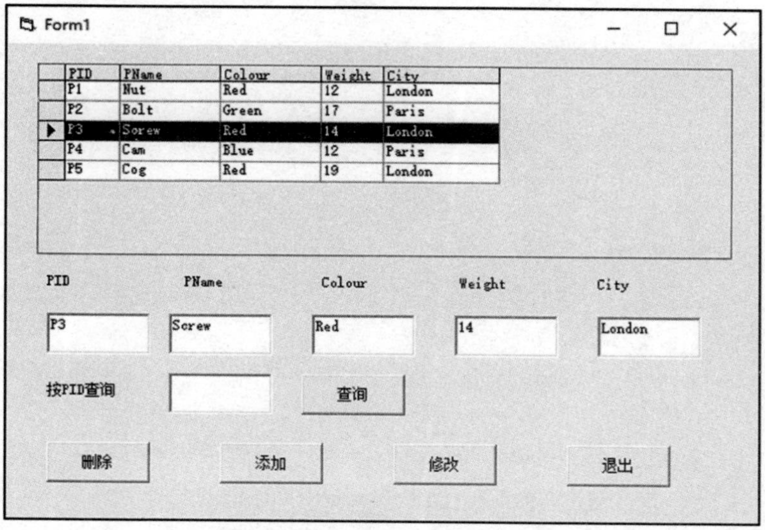

图 4-19　VB 程序运行界面

【实验思考】

请读者思考一下，新增或者删除 Parts 表中元组时是否会出现无法操作的情况？什么原因会导致无法新增或无法删除元组？

2. 拓展提高

任务 3-2：从专业软件的角度出发，避免手工设置 ADO 控件相关属性，利用 ADO 通过代码实现无源数据库的连接，然后再实现 VB 应用程序对数据表的查询和更新操作。

【实验提示】

无源数据库的实现需要在 VB 6.0 中引用 Microsoft ActiveX Data Object 2.6 library 和 Microsoft ActiveX Data Object Recordset 2.6 Library，然后运用 Connection 对象的 Connectionstring 属性进行连接。Connectionstring 为可读写 String 类型，用于指定一个连接字符串，告诉 ADO 如何连接数据库，包含了服务器名称、登录名、密码、数据库名称等信息。

【实验类型】

设计性实验。

四、实验报告要求

1. 实验报告项目要填写齐全。

2. 请读者结合自己的能力，利用上课实验时间，只完成模拟训练的验证性实验任务。

3. 拓展提高为选做实验，请读者根据自己的情况自行选择是否完成。

4. 实验报告中的实验内容必须先抄写题目，然后写出源程序和运行结果，最后给出结果分析。

第 5 章
计算机网络与信息安全

实验 1 TCP/IP 协议配置

一、实验目的

1. 了解设备联网前需要配置的参数，即 TCP/IP 协议配置。
2. 掌握如何配置上网参数。

二、实验原理

教材中有关 TCP/IP 协议配置的有关知识。

三、实验任务

【任务描述】

现在能上网的设备越来越多，不仅限于常见的台式计算机、笔记本、平板、手机，还有各种各样的设备比如路由器、交换机、电视机、空调、插座等。不管是哪一种设备，要联网，就需要配置 TCP/IP 协议参数，主要有 IP 地址、子网掩码、网关、DNS 地址等。参数配置有两种方式：一种是自动配置，一种是手动配置。绝大多数情况下都采用自动配置的方法，比如家里的计算机、手机、平板、电视、空调、插座等。只有在极个别情况下采用手动配置，比如：路由器、交换机、办公室的计算机等。本实验任务是配置计算机上网的 TCP/IP 协议参数，以 Windows 7 系统为例。

【实验类型】

验证性实验。

【实验步骤】

① 在 Windows 7 桌面上找到"网络"图标，右击，在弹出的菜单中选择"属性"命令，打开对话框如图 5-1 所示。

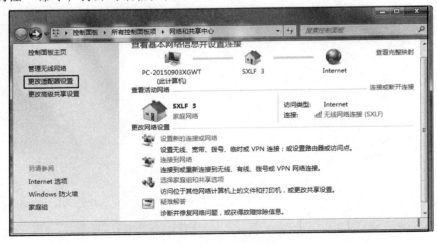

图 5-1　更改适配器设置

②　在如图 5-1 所示对话框的左上角单击"更改适配器设置"链接，打开如图 5-2 所示的对话框，前两个是有线连接，第三个是无线连接。注意：每个计算机显示的连接不一样，与计算机安装的网卡个数有关。

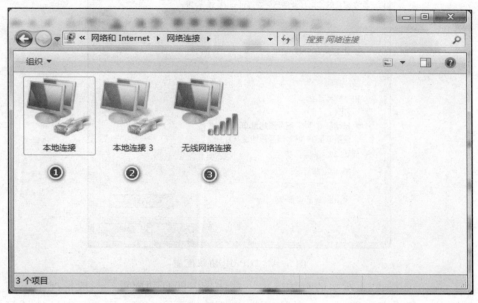

图 5-2　网络连接列表

③　在如图 5-2 所示对话框中的第一项"本地连接"上右击，在弹出的菜单中选择"属性"命令，如图 5-3 所示。在如图 5-3 所示的对话框中选中"Internet 协议版本 4（TCP/IPv4）"复选框，单击"属性"按钮，弹出如图 5-4 所示的对话框。

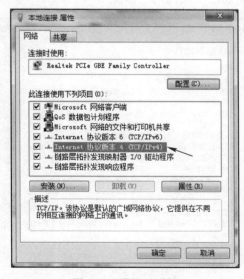

图 5-3　属性对话框

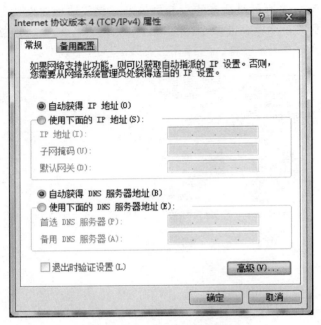

图 5-4 TCP/IP 协议配置

④ 在如图 5-4 所示的对话框中，默认采取的自动配置，一般情况下不需要更改，当设备联网时，会自动获取 IP 地址、子网掩码、网关、DNS 地址等配置信息。

⑤ 如果要查看自动获取的配置信息，可在如图 5-2 所示的对话框中，选择已经联网的图标，右击选择"状态"命令，再在弹出的对话框中单击"详细信息"按钮，弹出如图 5-5 所示的对话框。在图 5-5 对话框中显示了网卡的 MAC 地址、IP 地址、子网掩码、网关 DNS、DHCP 服务器地址等信息。

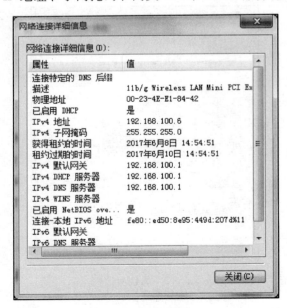

图 5-5 配置信息

⑥ 绝大多数情况下不需要手动配置协议参数，如果需要手动配置参数，首先需要与所属网络的网络管理员取得联系，获取分配给计算机的配置参数，一般需要如下信息：IP 地址、子网掩码、网关地址、DNS 地址，获取之后，在如图 5-6 所示的对话框中选中"使用下面的 IP 地址"和"使用下面的 DNS 服务器地址"单选按钮，然后按照管理员分配的参数进行配置。一定要按照管理员分配的参数进行配置，否则是不能上网的。

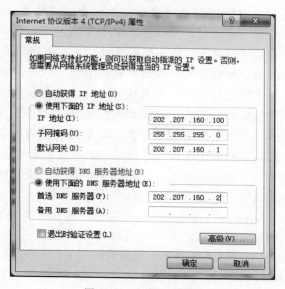

图 5-6　手动配置参数

【实验思考】
① 手机如何配置 TCP/IP 参数？
② 电视机如何配置 TCP/IP 参数？
③ 空调如何配置 TCP/IP 参数？

四、实验报告要求

1. 记录实验的步骤。
2. 记录实验过程中出现的问题及其解决的办法。
3. 记录上网设备需要配置的 TCP/IP 参数。

实验 2　无线路由器的配置

延展实践 5.1：
手机 APP 如何配置路由器？

一、实验目的

掌握通过浏览器和手机 APP 配置无线路由器的方法。

二、实验原理

教材中网络设备的有关知识。

三、实验任务

【任务描述】

现在家里需要上网的设备越来越多，比如台式计算机、笔记本、手机、平板、电视机、空调、插座等，其中大多数需要通过无线路由器来连接。无线路由器的功能也越来越强大，比如远程管理、儿童上网保护、信道调节器、定时开关、网速限制、查看在线用户等。远程管理：只要手机能上网，不管在哪儿都可以通过手机进行远程管理路由器；儿童上网保护：限制设备的上网时间段，设置设备哪段时间能上网哪段时间不能上网；信道调节器：现在的无线路由器很多，无线信号会相互干扰，导致网速变慢，信道调节器会选择合适的信道，提高上网的速度；定时开关：定时关闭定时开启无线路由器；网速限制：限制某一设备的上网速度，比如允许某一设备只能浏览网页、不能看视频；查看在线用户：查看哪些用户当前在线。

本实验以 TP-LINK 无线路由器为例来讲解，其他品牌型号的路由器配置大同小异，并且都配有说明书。无线路由器的背面贴有一张标签，标签上有路由器默认的 IP 地址、管理员用户名和密码。

【实验类型】

验证性实验。

【实验步骤】

① 认识无线路由器的端口，如图 5-7 所示。

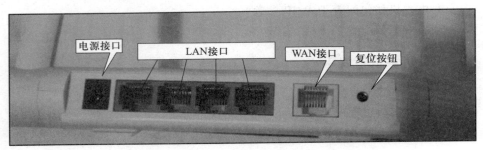

图 5-7　路由器接口

电源接口：接电源。

LAN：接网线，网线连接到有线网卡。

WAN 接口：通过网线接到调制解调器的有线接口上（调制解调器一般只有一个接口）。光纤调制解调器（光猫）有两个接口，接到 LAN1 端口上，LAN2 接电视机顶盒。

复位按钮：当忘记路由器的用户名或密码后，按住该按钮会恢复出厂设置。

② 无线路由器电源接通，然后插上网线，进线（跟调制解调器连接的网线）插在 WAN 接口上，跟计算机连接的网线可随便插哪一个 LAN 接口。然后在浏览器地址栏输入路由器背面标签上的 IP 地址，出现如图 5-8 所示对话框。输入路由器背面标签上的账号和密码，单击"登录"按钮，进入管理系统，如图 5-9 所示。单击"快速向导"按钮，弹出如图 5-10 所示的对话框。

图 5-8　路由器管理登录

图 5-9　管理系统首页

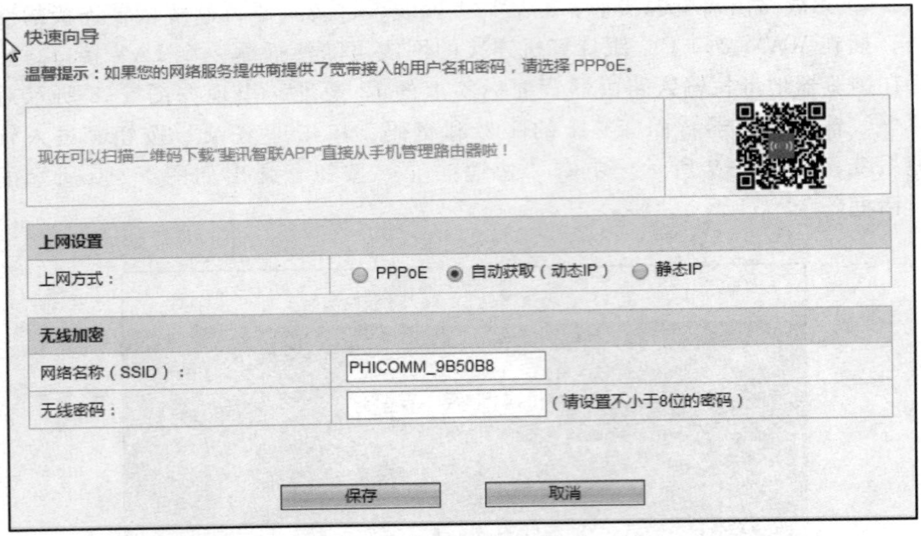

图 5-10　选择上网方式

　　③ 在图 5-10 中，选择上网方式，选择"PPPOE"方式，出现如图 5-11 所示的对话框。输入从电信运营商申请到的上网账号和密码，以及无线连接的密码，单击"保存"按钮，保存后路由器会重新启动。重启之后再单击图 5-9 所示的"运行状态"菜单。弹出如图 5-12 所示的对话框。如果 WAN 接口和 LAN 接口都获得了 IP 地址，就说明可以上网了。如果没有获取，需要联系电信运营商，查看上网账号和密码是否正确，再测试。

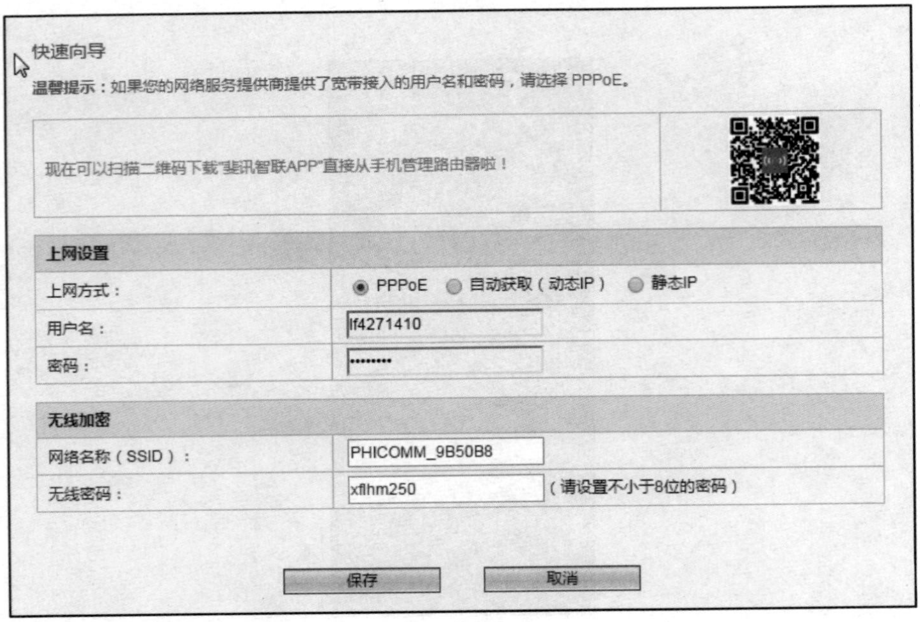

图 5-11　输入上网账号和密码

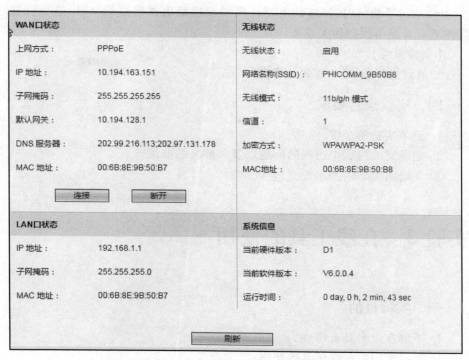

图 5-12　设置路由器名字、无线连接密码

④ 图 5-12 中是无线设置，可以看到信道、模式、无线安全选项、SSID 等，SSID 就是路由器的名字，就是无线上网时需要连接的路由器的名字，可以随便填，然后模式大多用 11bgn，无线安全选项选择 WPA-PSK/WPA2-PSK，这样安全，免得轻易让人家破解而蹭网。在图 5-9 中，选择"DHCP 客户端"菜单，出现如图 5-13 所示的界面，可以看到哪些设备正在上网。

DHCP 客户端

当前页面可以显示连接到路由器的客户端信息。

DHCP服务器

DHCP服务器 :	启用
起始IP地址 :	192.168.1.100
结束IP地址 :	192.168.1.200

DHCP客户端列表

名称	接口	IP地址	MAC地址	存活时间
PC-20150903XGWT	br0	192.168.1.100	00:23:4E:E1:84:42	0 day, 23 h, 56 min, 42 sec

刷新

图 5-13　路由器运行状态

⑤ 如果需要设置路由器的其他信息，在浏览器中输入路由器背面标签上的 IP 地址，输入管理员账户和密码，登录系统进行修改。

⑥ 通过手机 APP 管理路由器，需要安装路由器配套的 APP 进行管理，具体请查看路由器的相关说明。

【实验思考】

如何通过手机 APP 管理路由器？

四、实验报告要求

1. 记录实验的步骤。
2. 记录实验过程中出现的问题以及其解决的办法。
3. 无线路由器的基本配置包括哪些。

实验 3 在线工具的使用

一、实验目的

1. 了解在线工具有哪些。
2. 掌握常用的在线工具的使用。

二、实验原理

教材中 Internet 的有关知识。

三、实验任务

【任务描述】

现在要使用的软件越来越多，更新也越来越快。计算机使用时间长了，硬盘空间就满了。在线工具提供了这样的功能：不需要在计算机上安装软件，只要计算机能联网，直接通过浏览器就可以使用软件了。

本实验的任务是了解有哪些在线工具以及掌握常用的在线工具的使用方法。通过百度可以搜索到很多的在线工具。本实验就列举几个常用的在线工具。

在线办公软件：https://uzer.me。

在线美图秀秀：xiuxiu.web.meitu.com。

【实验类型】

验证性实验。

【实验步骤】

（1）在线办公软件：https://uzer.me 的使用

首先在浏览器地址栏中输入网址 https://uzer.me，注册，注册很简单，输入手机号，接收一个验证码就可以注册。然后登录，登录之后，进入主界面，如图 5-14 所示。常用的软件有 Word、Excel、PPT、WPS Office、Photo-

延展实践 5.2
百度网盘如何使用？

shop、PDF 阅读器等。

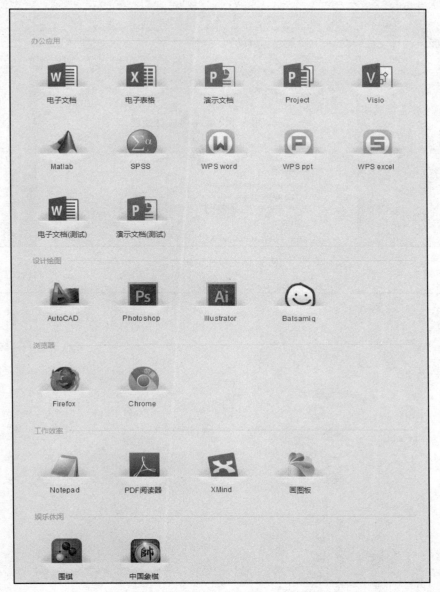

图 5-14 在线办公软件

将鼠标移动到某一个软件图标上，会出现两个命令，新建、打开，可以新建一个文档，也可以打开一个文档，如图 5-15、图 5-16 所示。新建的文档可以保存在云端，当然也可以下载到本地，如图 5-17 所示。

图 5-15 新建文档或打开文档

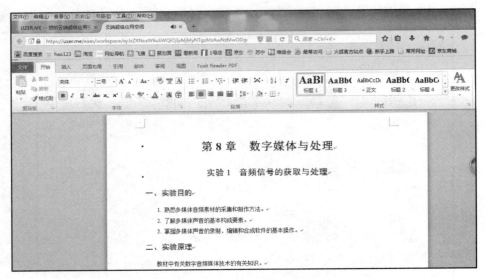

图 5-16　在线编辑文档

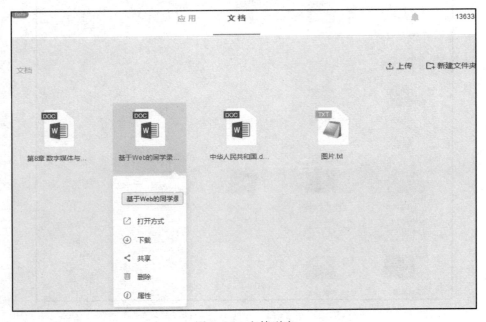

图 5-17　文档列表

（2）在线美图秀秀：xiuxiu.web.meitu.com

美图秀秀是一款非常流行的图像处理软件，有电脑版、手机版、网页版。打开 xiuxiu.web.meitu.com，界面如图 5-18 所示。

单击图 5-18 中的"拼图"图标，打开界面，上传图片，选择模板、边框，即可生成拼图，如图 5-19 所示，单击右上角的"保存与分享"按钮保存到本地硬盘。

图 5-18　美图秀秀主界面

图 5-19　拼图

【实验思考】

上网搜索常用的在线工具。

四、实验报告要求

1. 记录实验的步骤。
2. 记录实验过程中出现的问题及其解决的办法。
3. 记录常用的在线工具的网站。

实验 4　360 安全卫士的使用

一、实验目的

1. 了解 360 安全卫士有哪些功能。
2. 掌握 360 安全卫士常用的功能。

二、实验原理

教材中网络安全的有关知识。

三、实验任务

【任务描述】

360 安全卫士是一款由奇虎 360 公司推出的功能强、效果好、受用户欢迎的安全杀毒软件。360 安全卫士拥有查杀木马、清理插件、修复漏洞、电脑体检、电脑救援、保护隐私、电脑专家、清理垃圾、清理痕迹多种功能。本实验的任务是学会使用 360 安全卫士的常用功能。

【实验类型】

验证性实验。

【实验步骤】

① 下载安装 360 安全卫士。安装好，打开 360 安全卫士界面如图 5-20 所示。常用的功能有 "电脑体检"、"木马查杀"、"电脑清理"、"功能大全"、"软件管家" 等。

图 5-20　360 安全卫士界面

② 使用"电脑体检"功能，此功能能够杀毒、修复系统漏洞。

③ "木马查杀"能够查杀木马。

④ "软件管家"能够删除、安装、升级软件。

⑤ "功能大全"包括常用的一些功能，如图 5-21 所示，比如"驱动大师"可以安装计算机的驱动程序；"文件恢复"可以将计算机、U 盘上误删或格式化后丢失的文件找回来；"C 盘搬家"可以把文档和一些程序移动其他盘，让 C 盘有更多的控件，提高计算机的运行速度。

图 5-21 功能大全

【实验思考】

查找 360 安全卫士还有哪些实用的功能。

四、实验报告要求

1. 记录实验的步骤。

2. 记录 360 安全卫士常用的实用的功能。

第6章
办公自动化与电子政务

实验 1　Word 2010 高级应用

一、实验目的

1. 熟悉 Word 2010 中文字处理的基本方法。
2. 了解文字处理过程中相关的高级应用。
3. 掌握 Word 2010 中文字处理的基本操作。

二、实验原理

文字处理的相关知识。

三、实验任务

1. 模拟训练

任务 1-1：图文混排。

【任务描述】

例题源程序 6.1：
任务 1-1

按照要求完成下列操作并以该文件名（WORD. DOCX）保存文档。某知名企业要举办一场针对高校学生的大型职业生涯规划活动，并邀请了多数业内人士和资深媒体人参加，该活动本次由著名职场达人及东方集团的老总陆达先生担任演讲嘉宾，因此吸引了各高校学生纷纷前来听取讲座。为了此次活动能够圆满成功，并能引起各高校毕业生的广泛关注，该企业行政部准备制作一份精美的宣传海报。

请根据上述活动的描述，利用 Microsoft Word 2010 制作一份宣传海报。

具体要求如下。

① 调整文档的版面，要求页面高度 36 厘米，页面宽度 25 厘米，页边距（上、下）为 5 厘米，页边距（左、右）为 4 厘米。

② 将素材中的图片"背景图 . jpg"设置为海报背景。

③ 根据"Word-最终参考样式 . docx"文件，调整海报内容文字的字体、字号以及颜色。

④ 根据页面布局需要，调整海报内容中"演讲题目"、"演讲人"、"演讲时间"、"演讲日期"、"演讲地点"信息的段落间距。

⑤ 在"演讲人:"位置后面输入报告人"陆达"；在"主办：行政部"位置后面另起一页，并设置第 2 页的页面纸张大小为 A4 类型，纸张方向设置为"横向"，此页页边距为"普通"页边距定义。

⑥ 在第 2 页的"报名流程"下面，利用 SmartArt 制作本次活动的报名流程（行政部报名、确认座席、领取资料、领取门票）。

⑦ 在第 2 页的"日程安排"段落下面，复制本次活动的日程安排表（请

参照"Word-活动日程安排.xlsx"文件），要求表格内容引用 Excel 文件中的内容，如果 Excel 文件中的内容发生变化，Word 文档中的日程安排信息随之发生变化。

⑧ 更换演讲人照片为素材中的"luda.jpg"照片，将该照片调整到适当位置，且不要遮挡文档中文字的内容。

⑨ 保存本次活动的宣传海报为 WORD.DOCX。

【实验类型】

验证性实验。

【实验步骤】

涉及的有关文字处理的主要知识点有页面设置，背景图片设置，字体、字号、颜色设置，段落格式设置，SmartArt 使用及域的使用。

具体操作步骤见微视频。

2. 实践应用

任务 1-2：邮件合并。

【任务描述】

为召开云计算技术交流大会，小王需制作一批邀请函，拟邀请的人员名单见"Word 人员名单.xlsx"，邀请函的样式参见素材中"邀请函参考样式.docx"，大会定于 2018 年 10 月 19 日至 20 日在武汉举行。请根据上述活动的描述，利用 Microsoft Word 制作一批邀请函，要求如下。

① 修改标题"邀请函"文字的字体、字号，并设置为加粗，字的颜色为红色，黄色阴影，居中。

② 设置正文各段落为 1.25 倍行距，段后间距为 0.5 倍行距。设置正文首行缩进 2 字符。

③ 落款和日期位置为右对齐右侧缩进 3 字符。

④ 将文档中"×××大会"替换为"云计算技术交流大会"。

⑤ 设置页面高度 27 厘米，页面宽度 27 厘米，页边距（上、下）为 3 厘米，页边距（左、右）为 3 厘米。

⑥ 将电子表格"Word 人员名单.xlsx"中的姓名信息自动填写到"邀请函"中"尊敬的"三字后面，并根据性别信息，在姓名后添加"先生"（性别为男）、"女士"（性别为女）。

⑦ 设置页面边框为红"★"。

⑧ 在正文第 2 段的第一句话"……进行深入而广泛的交流"后插入脚注"参见 http://www.cloudcomputing.cn 网站"。

⑨ 将设计的主文档以文件名"WORD.DOCX"保存，并生成最终文档以文件名"邀请函.DOCX"保存。

【实验类型】

设计性实验。

四、实验报告要求

1. 实验报告项目要填写齐全。

微视频 6.1：
WORD 中图文混排

例题源程序 6.2：
任务 1-2

2. 请读者结合自己的能力，任选以下一种实验任务方案完成实验：① 利用上课实验时间，只完成验证性实验任务；② 利用课余时间阅读、理解基本应用的验证性实验任务，在上课实验时间完成设计性实验任务；③ 上课实验时间完成验证性实验任务和设计性实验任务。

3. 实验思考部分，请读者根据自己的情况自行选择是否完成。

4. 实验报告中的实验内容必须先抄写题目，然后给出完成实验过程的主要界面，最后给出结果分析。

实验 2　Excel 2010 高级应用

一、实验目的

1. 熟悉 Excel 2010 表格处理的基本方法。
2. 了解表格处理过程中相关的高级应用。
3. 掌握 Excel 2010 表格处理的基本操作。

二、实验原理

有关电子表格处理的知识。

三、实验任务

1. 模拟训练

任务 2-1：成绩单及分析。

例题源程序 6.3：任务 2-1

【任务描述】

小蒋是一位中学教师，在教务处负责初一年级学生的成绩管理。由于学校地处偏远地区，缺乏必要的教育设施，只有一台配置不高的计算机可以使用，他在这台计算机中安装了 Microsoft Office，决定通过 Excel 来管理学生成绩，以弥补学校缺少数据库管理系统的不足。

现在，第一学期期末考试刚刚结束，小蒋将初一年级三个班的成绩均录入了文件名为"学生成绩单.xlsx"的 Excel 工作簿文档中。

请根据下列要求帮助小蒋老师对成绩进行整理和分析。

① 对工作表"第一学期期末成绩"中的数据列表进行格式化操作：将第一列"学号"列为文本，将所有成绩列设为保留两位小数的数值，适当加大行高列宽，改变字体、字号，设置对齐方式，增加适当的边框和底纹以使工作表更加美观。

② 利用"条件格式"功能进行下列设置：将语文、数学、英语三科中不低于 110 分的成绩所在单元格以一种颜色填充，其他四科中高于 95 分的成绩以另一种字体颜色标出，所有颜色深浅以不遮挡数据为宜。

③ 利用 SUM 和 AVERAGE 函数计算每一个学生的总分及平均成绩。

④ 学号第 3、4 位代表学生所在的班级，例如："120105"代表 12 级 1 班 5 号。请通过函数提取每个学生所在的班级并按下列对应关系填写在"班级"列中：

"学号"第 3、4 位	对应班级
01	1 班
02	2 班
03	3 班

⑤ 复制工作表"第一学期期末成绩"，将副本放置在原表之后；改变该副本表标签的颜色，并重新命名，新表名需包含"分类汇总"字样。

⑥ 通过"分类汇总"功能求出每个班各科的平均成绩，并将每组结果分页显示。

⑦ 以分类汇总结果为基础，创建一个簇状柱形图，对每个班各科平均成绩进行比较，并将该图表放置在一个名为"柱状分析图"的新工作表中。

"学生成绩单.xlsx"中的"第一学期期末成绩"工作表数据显示如图 6-1 所示。

	学号	姓名	班级	语文	数学	英语	生物	地理	历史	政治	总分	平均分
1												
2	120305	包宏伟	03	91.50	89.00	94.00	92.00	91.00	86.00	86.00		
3	120203	陈万地	02	93.00	99.00	92.00	86.00	86.00	73.00	92.00		
4	120104	杜学江	01	102.00	116.00	113.00	78.00	88.00	86.00	73.00		
5	120301	符合	03	99.00	98.00	101.00	95.00	91.00	95.00	78.00		
6	120306	吉祥	03	101.00	94.00	99.00	90.00	87.00	95.00	93.00		
7	120206	李北大	02	100.50	103.00	104.00	88.00	89.00	78.00	90.00		
8	120302	李娜娜	03	78.00	95.00	94.00	82.00	90.00	93.00	84.00		
9	120204	刘康锋	02	95.50	92.00	96.00	84.00	95.00	91.00	92.00		
10	120201	刘鹏举	02	93.50	107.00	96.00	100.00	93.00	92.00	93.00		
11	120304	倪冬声	03	95.00	97.00	102.00	93.00	95.00	92.00	88.00		
12	120103	齐飞扬	01	95.00	85.00	99.00	98.00	92.00	92.00	88.00		
13	120105	苏解放	01	88.00	98.00	101.00	89.00	73.00	95.00	91.00		
14	120202	孙玉敏	02	86.00	107.00	89.00	88.00	92.00	88.00	89.00		
15	120205	王清华	02	103.50	105.00	105.00	93.00	93.00	90.00	86.00		
16	120102	谢如康	01	110.00	95.00	98.00	99.00	93.00	93.00	92.00		
17	120303	闫朝霞	03	84.00	100.00	97.00	87.00	78.00	89.00	93.00		
18	120101	曾令煊	01	97.50	106.00	108.00	98.00	99.00	99.00	96.00		
19	120106	张桂花	01	90.00	111.00	116.00	72.00	95.00	93.00	95.00		

第一学期期末成绩 / Sheet2 / Sheet3

图 6-1 原始期末成绩单

【实验类型】

验证性实验。

【实验步骤】

涉及的有关表格处理的主要知识点有表格基本格式设置、条件格式设置、函数使用、更改标签颜色、分类汇总、图表功能等。

具体操作步骤见微视频。

2. 设计应用

任务 2-2：统计分析。

【任务描述】

小王今年毕业后，在一家计算机图书销售公司担任市场部助理，主要的工作职责是为部门经理提供销售信息的分析和汇总。

微视频 6.2：
Excel 制作成绩单

例题源程序 6.4
任务 2-2

请你根据销售数据表完成统计和分析工作。

① 请对"订单明细"工作表进行格式调整，通过套用表格格式的方法将所有销售记录调整为一致的外观格式，并将"单价"列和"小计"列所包含的单元格调整为"会计专用"（人民币）数据格式。

② 请在"订单明细"工作表的"图书名称"列中，使用 VLOOKUP 函数完成图书名称的自动填充。"图书名称"和"图书编号"的对应关系在"编号对照"工作表中。

请在"订单明细"工作表的"单价"列中，使用 VLOOKUP 函数完成图书单价的自动填充。"单价"和"图书编号"的对应关系在"编号对照"工作表中。

③ 在"订单明细"工作表的"小计"列中，计算每笔订单的销售额。

④ 根据"订单明细"工作表的销售数据，统计所有订单的总销售额，并将其填写在"统计报告"工作表的 B3 单元格中。

⑤ 根据"订单明细"工作表中的销售数据，统计《MS Office 高级应用》图书在 2012 年的总销售，并将其填写在"统计报告"工作表的 B4 单元格。

⑥ 根据"订单明细"工作表中的销售数据，统计隆华书店在 2011 年第 3 季度的总销售额，并将其填写在"统计报告"工作表的 B5 单元格中。

⑦ 根据"订单明细"工作表中的销售数据，统计隆华书店在 2011 年的每月平均销售额（保留 2 位小数），并将其填写在"统计报告"工作表的 B6 单元格内。

⑧ 工作簿中的"订单明细"工作表、"编号对照"工作表和"统计报告"工作表数据显示如图 6-2、图 6-3、图 6-4 所示。

销售订单明细表

订单编号	日期	书店名称	图书编号	图书名称	单价	销量（本）	小计
BTW-08001	2011年1月2日	鼎盛书店	BK-83021			12	
BTW-08002	2011年1月4日	博达书店	BK-83033			5	
BTW-08003	2011年1月4日	博达书店	BK-83034			41	
BTW-08004	2011年1月5日	博达书店	BK-83027			21	
BTW-08005	2011年1月6日	鼎盛书店	BK-83028			32	
BTW-08006	2011年1月9日	鼎盛书店	BK-83029			3	
BTW-08007	2011年1月9日	博达书店	BK-83030			1	
BTW-08008	2011年1月10日	鼎盛书店	BK-83031			3	
BTW-08009	2011年1月10日	博达书店	BK-83035			43	
BTW-08010	2011年1月11日	隆华书店	BK-83022			22	
BTW-08011	2011年1月11日	鼎盛书店	BK-83023			31	
BTW-08012	2011年1月12日	隆华书店	BK-83032			19	
BTW-08013	2011年1月11日	鼎盛书店	BK-83036			43	
BTW-08014	2011年1月13日	隆华书店	BK-83024			39	
BTW-08015	2011年1月15日	鼎盛书店	BK-83025			30	
BTW-08016	2011年1月16日	鼎盛书店	BK-83026			43	
BTW-08017	2011年1月16日	鼎盛书店	BK-83037			40	
BTW-08018	2011年1月17日	鼎盛书店	BK-83021			44	
BTW-08019	2011年1月18日	博达书店	BK-83033			33	
BTW-08020	2011年1月19日	鼎盛书店	BK-83034			35	
BTW-08021	2011年1月22日	博达书店	BK-83028			22	
BTW-08022	2011年1月23日	博达书店	BK-83028			38	
BTW-08023	2011年1月24日	隆华书店	BK-83029			5	

图 6-2　订单明细表

图书编号对照表

图书编号	图书名称	定价
BK-83021	《计算机基础及MS Office应用》	¥36.00
BK-83022	《计算机基础及Photoshop应用》	¥34.00
BK-83023	《C语言程序设计》	¥42.00
BK-83024	《VB语言程序设计》	¥38.00
BK-83025	《JAVA语言程序设计》	¥39.00
BK-83026	《Access数据库程序设计》	¥41.00
BK-83027	《MySQl数据库程序设计》	¥40.00
BK-83028	《MS Office高级应用》	¥39.00
BK-83029	《网络技术》	¥43.00
BK-83030	《数据库技术》	¥41.00
BK-83031	《软件测试技术》	¥36.00
BK-83032	《信息安全技术》	¥39.00
BK-83033	《嵌入式系统开发技术》	¥44.00
BK-83034	《操作系统原理》	¥39.00
BK-83035	《计算机组成与接口》	¥40.00
BK-83036	《数据库原理》	¥37.00
BK-83037	《软件工程》	¥43.00

订单明细　编号对照　统计报告

图 6-3　编号对照表

统计报告

统计项目	销售额
所有订单的总销售额	
《MS Office高级应用》图书在2012年的总销售额	
隆华书店在2011年第3季度（7月1日~9月30日）的总销售额	
隆华书店在2011年每月平均销售额（保留2位小数）	

订单明细　编号对照　统计报告

图 6-4　统计报告

【实验类型】

设计性实验。

任务 2-3：数据透视表。

例题源程序 6.5：任务 2-3

【任务描述】

小林是北京某师范大学财务处的会计，计算机系计算机基础室提交了该教研室 2012 年的课程授课情况，希望财务处尽快核算并发放他们室的课时费。请根据素材文件夹中“素材.xlsx”中的各种情况，帮助小林核算出计算机基础室 2012 年度每个教员的课时费情况，具体要求如下。

① 将“素材.xlsx”另存为“课时费.xlsx”文件，所有的操作基于此新保存好的文件。

② 将“课时费统计表”标签颜色更改为红色，将第一行根据表格情况合并为一个单元格，并设置合适的字体、字号，使其成为该工作表的标题。对 A2：I22 区域套用合适的中等深浅的、带标题行的表格格式。前 6 列对齐方式设为居中；其余与数值和金额有关的列，标题为居中，值为右对齐，学时数为整数，金额为货币样式并保留 2 位小数。

③“课时费统计表”中的 F 至 L 列中的空白内容必须采用公式的方式计算结果。根据“教师基本信息”工作表和“课时费标准”工作表计算“职称”和“课时标准”列内容，根据“授课信息表”和“课程基本信息”工作表计算“学时数”列内容，最后完成“课时费”列的计算。（提示：建议对“授课信息表”中的数据按姓名排序后增加“学时数”列，并通过 VLOOKUP 查询“课程基本信息”表获得相应的值。）

④ 为 "课时费统计表" 创建一个数据透视表，保存在新的工作表中。其中报表筛选条件为 "年度"，列标签为 "教研室"，行标签为 "职称"，求和项为 "课时费"，并在该透视表下方的 A12：F24 区域内插入一个饼图，显示计算机基础室课时费对职称的分布情况，并将该工作表命名为 "数据透视图"，表标签颜色为蓝色。

⑤ 保存 "课时费 .xlsx" 文件。

【实验类型】

设计性实验。

四、实验报告要求

1. 实验报告项目要填写齐全。

2. 请读者结合自己的能力，任选以下一种实验任务方案完成实验：① 利用上课实验时间，只完成验证性实验任务；② 利用课余时间阅读、理解基本应用的验证性实验任务，在上课实验时间完成设计性实验任务；③ 上课实验时间完成验证性实验任务和设计性实验任务。

3. 实验报告中的实验内容必须先抄写题目，然后给出完成实验过程的主要界面，最后给出结果分析。

实验 3　PowerPoint 2010 高级应用

一、实验目的

1. 熟悉 PowerPoint 2010 中演示文稿处理的基本方法。

2. 了解演示文稿处理过程中的相关高级应用。

3. 掌握 PowerPoint 2010 中演示文稿处理的基本操作。

二、实验原理

教材中有关演示文稿处理的知识。

三、实验任务

1. 模拟训练

任务 3-1：基本设置。

【任务描述】

新建一个演示文稿 "练习 1.pptx"，并完成下列要求。

① 将第 1 张幻灯片的背景设置为 "鱼类化石" 纹理。

② 将演示文稿的主题设置为 "活力"。

③ 将第 2 张幻灯片中的一级文本的项目符号设置为 "√"。

④ 将第 3 张幻灯片中的图片设置动画为"溶解"。

⑤ 将第 4 张幻灯片的"页眉和页脚"设置中插入幻灯片编号。

【实验类型】

验证性实验。

【实验步骤】

涉及有关演示文稿的主要知识点有演示文稿背景、主题设置、动画设置、编号设置等，具体操作步骤见微视频。

2. 设计应用

任务 3-2：组织结构图。

【任务描述】

新建一个演示文稿"练习 2.pptx"，并完成下列要求。

① 第 1 张幻灯片设为标题页，标题为"云计算简介"，并将其设置为艺术字，有制作日期（格式：＊＊＊＊年＊＊月＊＊日），并指明制作者为"作者：＊＊＊"，第 2 页为目录，第 3 页和第 4 页为云计算简介的相关内容，在第 5 张幻灯片中采用艺术字书写内容"敬请批评指正！"。

② 为幻灯片中的第 2 页目录插入超链接，单击时应跳转到相应幻灯片上。

③ 幻灯片板式至少有 3 种，并为演示文稿选择一个合适的主题。

④ 第 3 张幻灯片采用名称为"水平组织结构图"的组织结构图来表示，最上级内容为"云计算的五个主要特征"。

⑤ 为第 1 张幻灯片中的对象添加动画效果。

【实验类型】

设计性实验。

任务 3-3：版式、动画设置。

【任务描述】

"福星一号"发射成功，并完成与银星一号对接等任务，全国人民为之振奋和鼓舞，作为航天城中国航天博览馆讲解员的小苏，受领了制作"福星一号飞船简介"的演示幻灯片的任务。请根据素材中的"福星一号素材.docx"的素材，帮助小苏完成制作任务，具体要求如下。

① 演示文稿中至少包含 7 张幻灯片，要有标题幻灯片和致谢幻灯片。幻灯片必须选择一种主题，要求字体和色彩合理、美观大方，幻灯片的切换要用不同的效果。

② 标题幻灯片的标题为"福星一号"飞船简介，副标题为中国航天博览馆 北京 二〇一三年六月。内容幻灯片选择合理的版式，根据素材中对应标题"概况、飞船参数与飞行计划、飞船任务、航天员乘组"的内容各制作一张幻灯片，"精彩时刻"制作两三张幻灯片。

③ "航天员乘组"和"精彩时刻"的图片文件均存放于素材中，航天员的简介根据幻灯片的篇幅情况需要进行精简，播放时文字和图片要有动画效果。

微视频 6.3
PPT 演示文稿制作

例题源程序 6.6：
任务 3-3

④ 演示文稿保存为"福星一号 . pptx"。

【实验类型】

设计性实验。

四、实验报告要求

1. 实验报告项目要填写齐全。

2. 请读者结合自己的能力，任选以下一种实验任务方案完成实验：① 利用上课实验时间，只完成验证性实验任务；② 利用课余时间阅读、理解基本应用的验证性实验任务，在上课实验时间完成设计性实验任务；③ 上课实验时间完成验证性实验任务和设计性实验任务。

3. 实验报告中的实验内容必须先抄写题目，然后给出完成实验过程的主要界面，最后给出结果分析。

第 7 章
数字媒体与处理

实验 1　音频信号的获取与处理

一、实验目的

1. 熟悉多媒体音频素材的采集和制作方法。
2. 了解多媒体声音的基本构成要素。
3. 掌握多媒体声音的录制、编辑和合成软件的基本操作。

二、实验原理

教材中有关数字音频媒体技术的有关知识。

三、实验任务

1. 模拟训练

任务 1-1：个性手机铃声制作。

【任务描述】

使用 GoldWave 音频处理软件制作个性手机铃声。

【实验类型】

验证性实验。

【实验步骤】

（1）选取并试听源文件

① 启动 GoldWave 软件后，选择"文件"|"打开"命令，在弹出的"打开音频"对话框中，选择想要制作手机铃声的源文件，单击"打开"按钮，出现如图 7-1 所示的界面，中间的部分就是打开的 MP3 文件的波形图。波形比较密、振幅大且集中的部分一般就是歌曲的高潮部分。

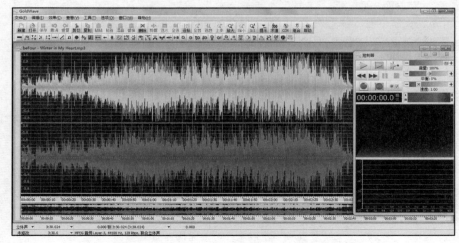

图 7-1　GoldWave 软件打开 MP3 文件的波形图

波形下面有一个标尺，是用于衡量播放时间长度的标尺，利用这个标尺可以清楚地看出所截取声音文件的时间长度。

② 单击控制器中的绿色播放按钮，就开始从头播放这首 MP3 歌曲。这时在中间波形区有一条从左向右移动的线，它的位置就表示正在播放的位置，对应下面时间标尺的刻度就是此时已经播放的时间长度。

（2）截取源文件

① 选择开始位置。右击，在弹出的快捷菜单中，选择"设置起始标记"命令，如图 7-2 所示。

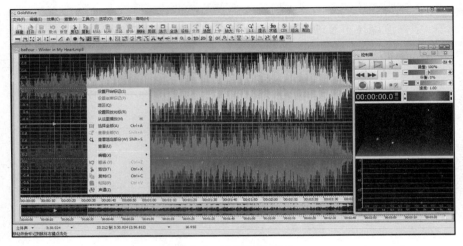

图 7-2　设置起始标志

② 选择停止位置。右击，在弹出的快捷菜单中，选择"设置结束标记"命令，这时截取的波形段就高亮显示了。截取后，可以通过单击"播放"按钮来试听所选中的部分，不合适时可做出修改。

③ 单击工具栏上的"剪切"按钮，选取的部分就生成一个完整的波形展现出来，如图 7-3 所示。

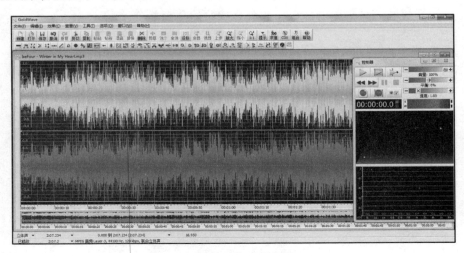

图 7-3　截取文件剪裁完成界面

（3）效果设置（以音量调节为例）

选择"效果"|"音量"|"更改音量"命令，在弹出的"更改音量"对话框中，单击右侧的"+"增大音量，右边对应的有增大的比例。选定后，单击绿色的"播放"按钮试听。最后，单击"确定"按钮，完成音量的调节。

（4）保存文件

选择"文件"|"另存为"命令，在弹出的对话框中选择文件的存储路径、存储格式（如 WAV 格式，不一定非要 MP3 格式）等。在该对话框的"属性"栏里，还可设定文件的采样频率（如 44100 Hz，即平时的 4411 kHz）和压缩比（如 128 kbps 或 64 kbps）等。设置完成后，单击"保存"按钮，自己制作的手机铃声就保存在指定位置了。

【实验思考】

有没有其他的音频处理软件呢？与 GoldWave 相比，在处理效果和应用方面有何不同？

2. 设计应用

任务 1-2：音频文件特效制作。

【任务描述】

利用 Windows 操作系统自带的"录音机"设置相关属性，录制两段声音，生成波形文件，并用 GoldWave 软件编辑波形文件，进行声音的合并、淡入淡出、增强声音的空间感和会音效果等处理。请读者自行完成。

【实验类型】

设计性实验。

【实验思考】

使用 GoldWave 软件混音处理后的声音文件如果出现背景音乐过大或过小的问题，如何解决此问题？

延展实践 7.1：Adobe Audition 音频编辑软件

四、实验报告要求

1. 实验报告项目要填写齐全。

2. 请读者结合自己的能力，任选以下一种实验任务方案完成实验：① 利用上课实验时间，只完成验证性实验任务；② 利用课余时间阅读、理解基本应用的验证性实验任务，在上课实验时间完成设计性实验任务；③ 上课实验时间完成验证性实验任务和设计性实验任务。

3. 实验思考部分，请读者根据自己的情况自行选择是否完成。

4. 实验报告中的实验内容必须先抄写题目，然后给出完成实验过程的主要界面，最后给出结果分析。

实验 2 数字图像处理

一、实验目的

1. 熟悉多媒体素材图形图像的采集和制作。
2. 了解多媒体图形图像的一些基本概念和在计算集中的存储格式。
3. 掌握使用 Photoshop 软件进行图形图像的采集和编辑的基本操作。

二、实验原理

教材中有关数字图像获取、保存格式、处理的相关知识。

三、实验任务

1. 模拟训练

任务 2-1：数字图像简单处理。

【任务描述】

利用 Photoshop 软件对数字图像进行合成处理。

【实验类型】

验证性实验。

【实验步骤】

① 首先用 Photoshop 软件打开两张计算机上的图片，如图 7-4 所示。处理的目的是要把美女图片换一个背景，放在草地上。

图 7-4 "打开图片"界面

② 选中美女图片，单击工具箱中的"磁性套索"工具，将图片中的美女抠出来。选择工具后，在人像的边缘单击鼠标定义开始点，然后慢慢在人像的边缘移动鼠标，磁性套索工具将自动勾选人像的边缘，当然如果选择了多余的部分，可以按键盘上的 Delete 键后退一下，然后重新选择。另外也可以单击鼠标左键自己选择。围绕人像一圈后回到开始点双击鼠标，人像已经成功抠出了，如图 7-5 所示。

图 7-5　利用磁性套索工具抠图

③ 人像抠出后，按下键盘上的组合键 Ctrl+C 进行复制，然后选择草地图片，按下 Ctrl+V 将人像图片粘贴进来，如图 7-6 所示。

图 7-6　粘贴人像图片

④ 如果粘贴进来的图片大小或位置不合适，可以进行放大或缩小、移动。首先选择"编辑"|"自由变换"命令，然后按住 Shift 键，做等比例放大或缩小；按下鼠标左键拖动图片进行位置的改变，如图 7-7 所示。

图 7-7　改变图像大小和位置

　　⑤ 如果这样处理的人像细节还不太好的话，可以在导航器中增加图片放大比例，用橡皮擦工具或者仿制图章工具对图片进行更细致的修改。

　　⑥ 经过不断的修改，就把美女图片和草地背景比较好的合成在了一起，最后将合成后的图片保存输出即可，最终的完成图片效果如图 7-8 所示。

图 7-8　最终合成效果

　　Photoshop 工具箱中的各个工具用途不一，这里只介绍了使用较多的套索工具，其他工具的使用以及软件详细的操作就不再赘述，感兴趣的读者可以查阅相关资料学习。

【实验思考】

请读者自行思考,在图像合成过程中,应该注意什么问题才能使得合成的图像更加逼真?

2. 设计应用

任务 2-2:数字图像高级处理。

【任务描述】

照片处理:人物面孔替换、色调处理,黑白图片变彩色图片。

【实验类型】

设计性实验。

【实验提示】

① 利用 Photoshop 的套索工具,勾勒出所需要的人物头像;然后使用移动工具,将勾勒好的头像移动到另一张图片上。

② 将年久发黄的老照片,先利用“魔棒工具”将照片发黄的背景颜色修复为白色,再使用“画笔工具”将照片上人物的整套衣服添上不同颜色,最后使用“加深工具”、“画笔工具”和“色相/饱和度”功能对照片进行细节处理并完成老照片上色的效果。

【实验思考】

请读者自行思考,可不可以通过其他方式达到同样的效果,哪种方法更简单,为什么?

微视频 7.1:
火焰字的制作

微视频 7.2:
相机 UI 图标设计

四、实验报告要求

1. 实验报告项目要填写齐全。

2. 请读者结合自己的能力,任选以下一种实验任务方案完成实验:① 利用上课实验时间,只完成验证性实验任务;② 利用课余时间阅读、理解基本应用的验证性实验任务,在上课实验时间完成设计性实验任务;③ 上课实验时间完成验证性实验任务和设计性实验任务。

3. 实验思考部分,请读者根据自己的情况自行选择是否完成。

4. 实验报告中的实验内容必须先抄写题目,然后给出完成实验过程的主要界面,最后给出结果分析。

实验 3　数字视频处理

一、实验目的

1. 了解数字视频处理的一些基本知识。

2. 熟悉 Windows Movie Maker 数字视频处理软件的基本操作。

二、实验原理

教材中有关数字视频处理技术的相关知识。

三、实验任务

1. 模拟训练

任务 3-1：电子相册制作（一）。

【问题描述】

制作个性化电子相册。

【实验类型】

验证性实验。

【实验步骤】

（1）导入素材

启动 Windows Movie Maker，单击窗口左侧电影任务栏中的"导入图片"链接，弹出"导入文件"对话框，找到用来制作相册的图片所在的文件夹，按住 Ctrl 键，用鼠标选中多张需要的图片，单击"导入"按钮，把图片素材导入 Windows Movie Maker，被导入的图片素材会在"收藏"栏中一一列出，然后按播放顺序用鼠标将它们一张一张地拖放到视频编辑栏中，并利用时间线设置好每张图片停留的时间即可。然后，单击电影任务栏中的"导入音频或音乐"链接，打开"导入文件"对话框，导入一首自己喜欢的音乐作为相册的背景音乐，并用鼠标拉到下方工作区的音频栏中。如图 7-9 所示。

图 7-9　导入电子相册素材

（2）添加特效

在 Windows Movie Maker 中，相册的特效包括视频效果和过渡效果。单击任务窗口的"查看视频效果"链接，在"视频效果"列表中会列出系统提供的淡出变白、淡出变黑、缓慢变大、缓慢缩小等 28 种视频效果，用鼠标随意选中其中一种在预览监视器中就可以看到实效，要为图片添加视频效果，只要按实际需要选择一种效果将其拖放到视频栏的图片上即可。如果要添加图片和图片之间的过渡效果，可以单击任务窗口的"查看视频过渡"链接，在"视频过渡"列表中选中一种效果并用鼠标将其拖放到两张图片之间的矩形框中即可，如图 7-10 所示。

图 7-10　添加视频效果和视频过渡效果

（3）编辑片头片尾

为相册加上片头和片尾，可以让电子相册显得更专业。单击电影任务栏中的"制作片头或片尾"|"在电影开头添加片头"链接，在文本框中输入片头文字，单击"更改片头动画效果"链接，从列表中为相册的片头选择一种自己喜欢的动画效果，单击"更改文本字体和颜色"链接，设置好字体、字号和颜色，最后单击"完成，为电影添加片头"链接，相册的片头就制作好了。如果需要为相册制作一个片尾，方法和制作片头一样，如图 7-11 所示。

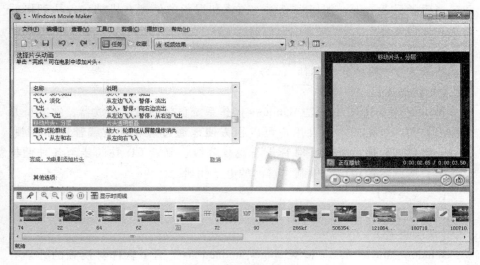

图 7-11　制作片头和片尾

（4）保存相册

单击电影任务栏中的"完成电影"｜"保存到我的计算机"链接或"发送到 DV 摄像机"，弹出"保存电影向导"对话框，为相册取个文件名，设置好文件的保存位置，如图 7-12 所示。电影的画面质量和文件的格式、大小，单击"下一步"按钮，系统自动开始保存文件，并显示保存进度条，完毕后还会自动启动 Windows Media Player 开始播放。

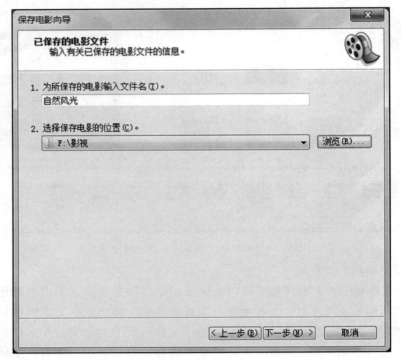

图 7-12　保存电影文件向导

【实验思考】

请读者思考一下，如何将音频、图像和视频的处理有机结合，达到更好的视频处理效果？

2. 实践应用

任务 3-2：电子相册制作（二）。

【问题描述】

Windows Media Player 是 Windows 操作系统自带的媒体播放器，它支持几十种视频和音频格式，而且用户可以很方便地通过该软件下载音乐和视频，还可为用户创建播放列表，对音乐与视频分级、刻录 CD 并同步至各种便携设备中。请读者使用该软件制作自己的电子相册。

【实验类型】

设计性实验。

【实验思考】

Windows Movie Maker 和 Windows Media Player 两个软件对视频的处理有

想一想：
如何综合应用所学知识设计个性化数字媒体作品？

何不同？哪个效果更好？

四、实验报告要求

1. 实验报告项目要填写齐全。

2. 请读者结合自己的能力，任选以下一种实验任务方案完成实验：① 利用上课实验时间，只完成验证性实验任务；② 利用课余时间阅读、理解基本应用的验证性实验任务，在上课实验时间完成设计性实验任务；③ 上课实验时间完成验证性实验任务和设计性实验任务。

3. 实验思考部分，请读者根据自己的情况自行选择是否完成。

4. 实验报告中的实验内容必须先抄写题目，然后给出完成实验过程的主要界面，最后给出结果分析。

实验 4　数字动画处理

一、实验目的

1. 熟悉数字动画处理的基本知识。
2. 掌握 Flash 数字动画处理软件的常用操作。

二、实验原理

教材中有关数字动画及其编辑软件的相关知识。

三、实验任务

1. 模拟训练

任务 4-1：Flash 动画制作（一）。

【问题描述】

制作变形动画。

【实验类型】

验证性实验。

【实验步骤】

（1）创建影片

新建一个 Flash 文件，设置电影属性，尺寸大约 400 px×300 px，背景为浅橘色，如图 7-13 所示。

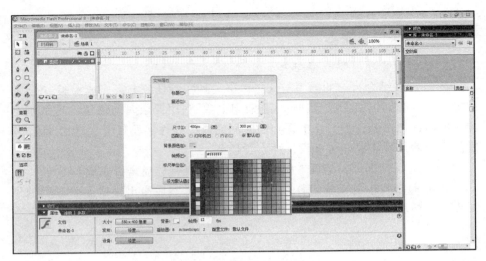

图 7-13　设置电影属性

（2）创建动画

① 在绘图工具箱中选择矩形工具，用矩形工具在场景中画出一个没有边框的红色矩形，这是变形动画的第 1 帧，如图 7-14 所示。

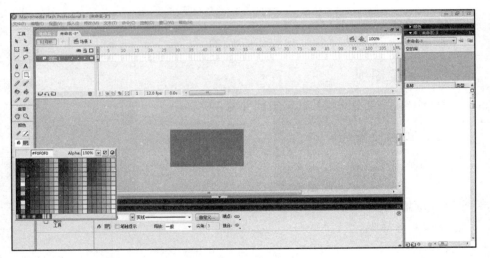

图 7-14　绘制矩形

② 单击第 10 帧并按住 F7 键，插入一个空白关键帧，点椭圆工具场景中画出一个没有边框的蓝色小球。点第一帧，在下边的属性提示中，设置变形动画，选择形状渐变。此时，矩形变圆的动画完成，如图 7 – 15 所示。

③ 选择"控制"菜单下的"影片测试"命令，看变形效果。

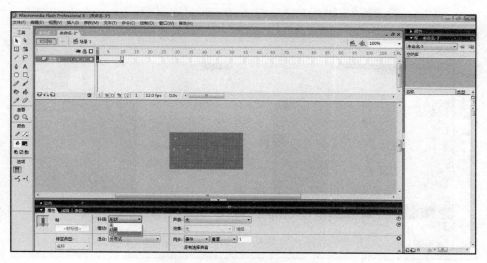

图 7-15　设置形状渐变动画

（3）测试和保存文件

保存：文件名：＊＊＊.fla

导出影片：格式＊＊＊.swf（Flash 动画默认格式），或＊＊＊.gif

任务 4-2：Flash 动画制作（二）。

【问题描述】

制作照片出现的效果。

【实验类型】

验证性实验。

【实验步骤】

① 启动 Flash 软件，选择"文件"｜"新建"命令，新建一个 Flash 文档，再选择"文件"｜"导入"｜"导入到舞台"命令，在弹出的对话框中选择一张照片。

② 用选取工具单击导入的图片，选择"修改"｜"转换为元件"命令，在弹出的对话框中选中"图形"按钮，如图 7-16 所示。

图 7-16　图像转换为元件

③ 将鼠标放在 20 帧处，右击，选择"插入关键帧"命令。

④ 用鼠标单击第 1 帧，然后选取工具单击图片，右击选择"任意变形"命令，图片周围出现 8 个控制点，用鼠标拖动右下角的控制点，将图片缩小，如图 7-17 所示。

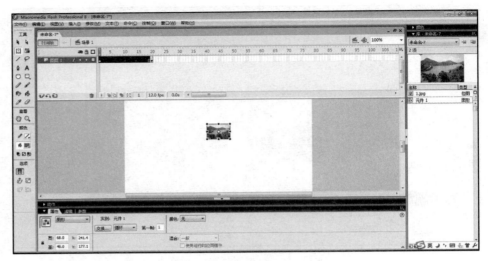

图 7-17　在第 1 帧缩小图片

⑤ 用鼠标单击第 1 帧，在下面属性栏"补间"属性选择"动画"命令。这时就可选择"控制"|"影片测试"命令，看到了一张图片由小变大的效果。

下面接着做让这张照片变大之后再渐渐向右上角消失的效果。

⑥ 在 40 帧处插入关键帧，移动图片到右上角，如图 7-18 所示。

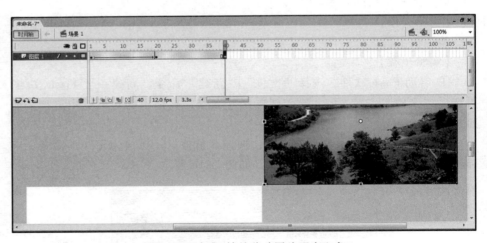

图 7-18　在 40 帧处移动图片至右上角

⑦ 用鼠标选中图片，在属性栏调整图片的透明度，"颜色"属性选择"Alpha"选项，值调整为 0。

⑧ 用鼠标点击 20 到 40 之间任何一帧，在下面属性栏"补间"属性选择"动画"命令，如图 7-19 所示。

⑨ 动画制作完成，测试和保存文件。

图 7-19　在 20 帧到 40 帧之间创建补间动画

【实验思考】

请读者思考一下，关键帧的作用是什么？

2. 设计应用

任务 4-3：Flash 动画制作（三）。

【问题描述】

运动渐变是 Flash 的另外一种动画效果，是在两个关键帧之间建立变化关系。请制作一个小球的弹跳运动动画。

【实验类型】

设计性实验。

【实验思考】

形状渐变与运动渐变的区别是什么？

微视频 7.3：
佛光效果制作

四、实验报告要求

1. 实验报告项目要填写齐全。

2. 请读者结合自己的能力，任选以下一种实验任务方案完成实验：① 利用上课实验时间，只完成验证性实验任务；② 利用课余时间阅读、理解基本应用的验证性实验任务，在上课实验时间完成设计性实验任务；③ 上课实验时间完成验证性实验任务和设计性实验任务。

3. 实验思考部分，请读者根据自己的情况自行选择是否完成。

4. 实验报告中的实验内容必须先抄写题目，然后给出完成实验过程的主要界面，最后给出结果分析。

微视频 7.4：
遮罩动画制作

参考文献

[1] 邹显春，张小莉. 大学计算机基础实践教程 ［M］. 北京：高等教育出版社，2008.

[2] 陈伟，鹿婷. 大学计算机基础实践教程 ［M］. 南京：东南大学出版社，2015.

[3] 王炳波，金海燕，段敬红. 大学计算机基础：计算思维初步 ［M］. 北京：清华大学出版社，2014.

[4] 郝兴伟. 大学计算机：计算思维的视角 ［M］. 3版. 北京：高等教育出版社，2014.

[5] 王志强. 大学计算机实验指导：计算思维视角 ［M］. 2版. 北京：高等教育出版社，2015.

[6] 甘勇，尚展垒，梁树军等. 大学计算机基础实践教程：计算思维 ［M］. 4版. 北京：人民邮电出版社，2015.

[7] 刘志敏，张艳丽，王彬丽等. 大学计算机——计算文化与计算思维基础实验实训 ［M］. 北京：清华大学出版社，2017.

[8] 吕凯. 计算思维与大学计算机基础实验教程 ［M］. 北京：科学出版社，2017.

[9] 卢凤兰，廖海红. 计算机基础与计算思维实验指导及习题集 ［M］. 北京：中国铁道出版社，2016.